谨以此书纪念刘敦桢先生诞辰 125 周年

中国建筑史参考图

刘敦桢 著

华中科技大学出版社
http://press.hust.edu.cn
中国·武汉

图书在版编目（CIP）数据

中国建筑史参考图 / 刘敦桢著. —武汉：华中科技大学出版社，2022.11
ISBN 978-7-5680-8766-7

Ⅰ. ① 中… Ⅱ. ① 刘… Ⅲ. ① 建筑史 – 中国 – 图集 Ⅳ. ① TU-092

中国版本图书馆CIP数据核字（2022）第205906号

中国建筑史参考图
ZHONGGUO JIANZHUSHI CANKAOTU

刘敦桢 著

出版发行：华中科技大学出版社（中国·武汉）
武汉市东湖新技术开发区华工科技园
电话：(027)81321913
邮编：430223

策划编辑：张淑梅
责任编辑：张淑梅
美术编辑：杨 旸
责任监印：朱 玢

印 刷：武汉精一佳印刷有限公司
开 本：787 mm × 1092 mm 1/16
印 张：14
字 数：134千字
版 次：2022年11月 第1版 第1次印刷
定 价：98.00 元

投稿邮箱：zhangsm@hustp.com
本书若有印装质量问题，请向出版社营销中心调换
全国免费服务热线：400-6679-118 竭诚为您服务

刘敦桢（1897—1968）

我国建筑学家，建筑史学家，建筑教育家。早年留学日本，曾任中央大学工学院院长、南京工学院建筑系主任、中国科学院学部委员。刘敦桢先生把毕生精力献给了我国建筑教育事业和古代建筑研究工作，是我国建筑教育的开拓者之一，培养了一大批建筑人才。他是我国传统建筑研究的奠基者之一，用现代科学方法对我国华北及西南地区的古建筑进行全面深入调研，为研究中国古代建筑打下坚实的基础。

中华人民共和国成立后，他首先开展对我国传统民居及苏州园林的研究，并长期领导、组织中国古代建筑史的编写。这三项研究，后来均有重要的学术著作出版。此外，还主持了南京瞻园的整扩工程。这些成就和贡献，使他的学术地位到达常人难以企及的高度。

他所做出的诸多贡献，大部分现已载入《刘敦桢全集》（十卷）。

出版说明

本书是我国著名建筑学家、建筑史学家、建筑教育家刘敦桢先生讲授《中国古代建筑史》的参考图册，当时还处于手抄著述的年代，文章是经过作者精雕细琢提炼而成的。为尊重作者写作习惯、遣词风格和语言文字自身发展的演变规律，本书语言文字、标点等尽量保留了原稿形式，有些地名还是用的原名称，这样会与现代汉语的规范化处理和行政区划有些不同之处，敬请读者特别注意。

为了本书的出版，刘敦桢先生哲嗣刘叙杰教授花费大量心血收集、整理先生遗著，在此表示感谢。由于编校仓促，难免有不妥和疏漏之处，敬请读者指正。

华中科技大学出版社

2022 年 11 月

前　言

这本参考图册原仅为南京工学院（今东南大学）建筑系的同学们学习中国建筑史而编撰的，后来得到同济大学建筑系的协助，以非卖品的方式付印。不料消息传出后，各方面索购函件，纷至沓来，为了满足大家的需要，又按成本加印了若干册，不过书中图片的排列顺序，未依照历史学常用的断代法，且读者并不限于两校建筑系的同学，因此，不得不将本书内容介绍如下。

从前本人讲述中国建筑史，也一向采取断代的方法，但近年来发现这种说法是不妥当的。第一，中国的建筑艺术，虽随着社会发展规律不断地往前推进，但西周以来，我们的经济体系以及政治文化等上层机构，长期停留于封建范畴内，以致建筑的演变比较迟缓。第二，除了宫殿、陵寝和都城的平面布局以外，它的式样结构，很少因统治阶级的改朝换代，发生重大变化。也就是说，当新的封建政权成立的时候，建筑本身往往墨守前一代的旧规，而建筑演变的时候，这政权也许还在维持原状，未曾崩溃。所以拿断代法来讲解中国建筑史，有许多地方不能和客观事实相吻合。第三，中国建筑史应当发扬爱国主义的精神，与设计课程取得密切联系，才能为发展民族形式，奠下坚实的基础。因此在教学方面，必须采取有效方法，使同学们掌握各建筑单位的演变和特征，以便创作应用。

可是断代法用朝代划分建筑的内容，如果对式样结构的某一项目，想了解它的起源、发展与演变，势必从各朝代内抽出有关资料，加以整理，才能获得这问题的整个面貌。既然如此，不如采用纵断法，更能直截了当，提高教学的效能。因为这两种原因，本人讲解中国建筑史一般分为三个部分。

第一部分，中国建筑的特征与背景，以生产关系说明建筑的发展概况，介绍历史上各种伟大遗迹，使同学们对中国建筑，先有一个整体概念。

第二部分，从住宅开始，说明都市计划，宫殿、寺庙、陵墓、塔、幢、石窟、牌坊、桥梁等各种建筑的演变与特征。

第三部分，各种结构装饰单位的演变与特征，内容包括台基、栏杆、柱础、斗拱、雀替、门、窗、天花藻井、彩画、琉璃瓦，以及壁画、雕刻等附属艺术。

第二和第三部分的编制，都采用纵断法，同学们觉得比较容易了解和记忆，运用起来也相当便捷。可是建筑是造型艺术之一，除课堂上利用幻灯以外，须另有适当的考参书帮助复习，基于此，编辑了这本图册。不过印刷费须由大家公摊，为了减轻同学们的负担，不但黑板上能画的图未予收录，甚至有些重要例证，也未曾收录。后来发现这种编辑法，对一般读者很不方便，但已无法挽救。由此我了解社会上正迫切需要这类的书籍，假使条件许可的话，短期内应即增补重刊。

本书在编辑过程中，得到南京工学院建筑系潘谷西君和二、三年级同学抄绘图样和标注名称，但时间仓促，未及详细校核。付印时，承同济大学建筑系陈从周、戴复东、吴庐生三君代为整理，而陈君综理一切，致力尤勤，为本书增色不少。本书应用图籍和相片，事前未一一征求原著者的同意，除道歉外，在此致谢。申记珂罗版印刷所以廉价承印此书，也是应当感谢的。末了，希望读者对本书多提意见，以便随时修正。

刘敦桢

1953年4月

目　录

上篇　建筑类型的演变与特征

下篇　建筑结构装饰单位的演变与特征

上 篇

建筑类型的演变与特征

一、一般平面

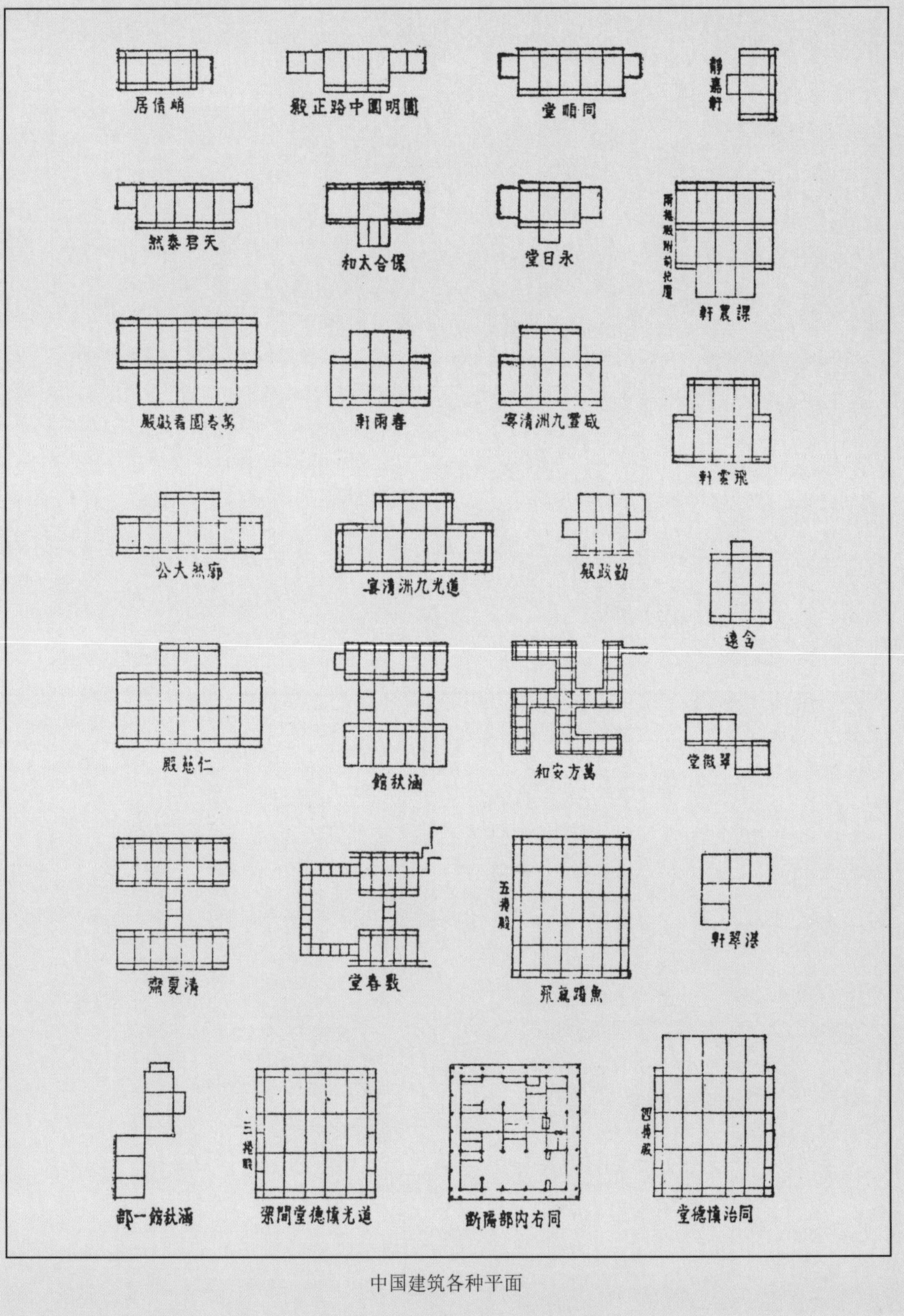

中国建筑各种平面

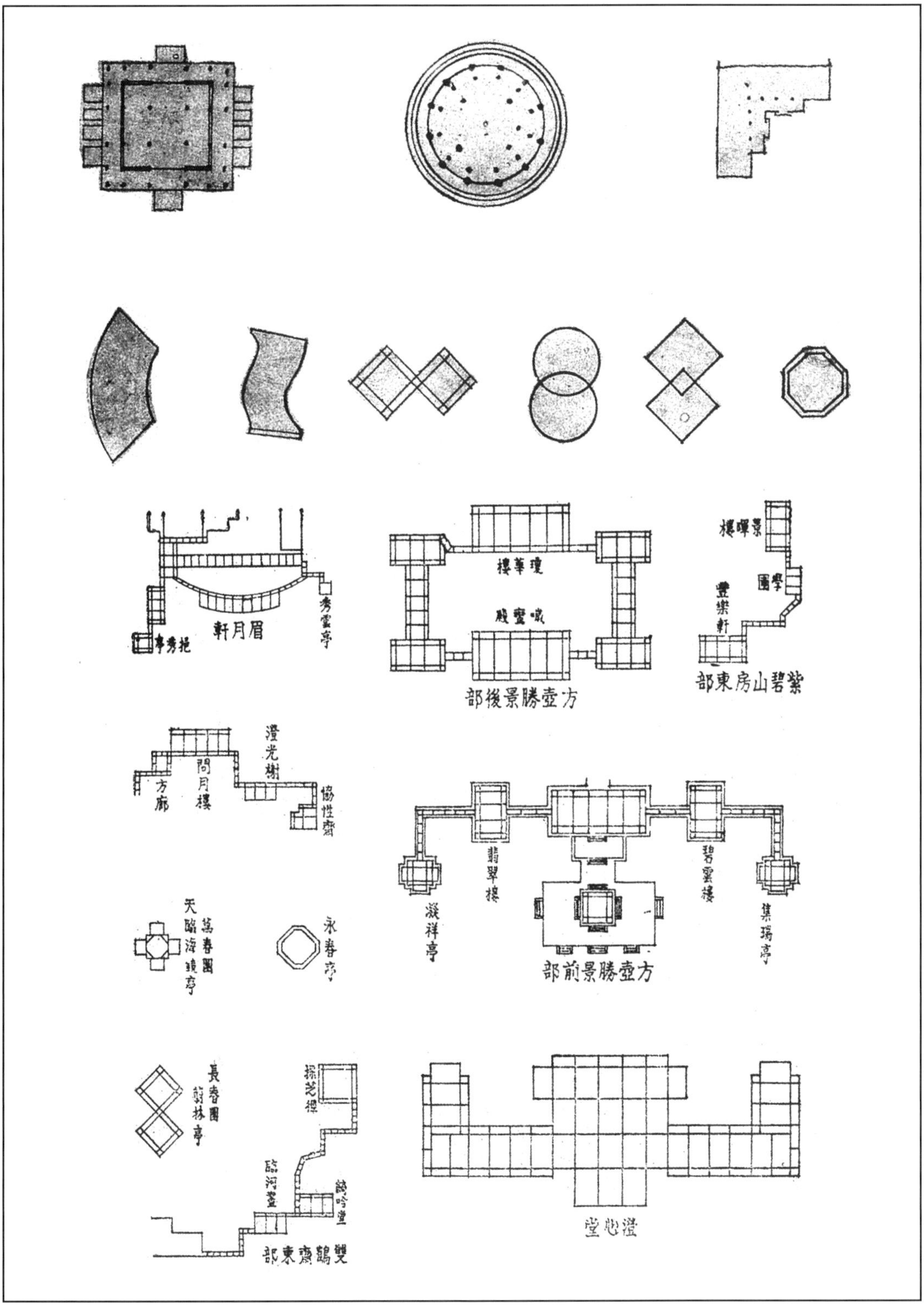
眉月軒
瓊華樓
方壺勝景後部
景暉樓
學圃
豐樂軒
紫碧山房東部
澄光榭
方廊
問月樓
協性齋
翡翠樓
碧雲樓
凝祥亭
集瑞亭
方壺勝景前部
萬春園
天臨海鏡亭
永春亭
長春園
澄心堂
雙鶴齋東部

中国建筑各种平面

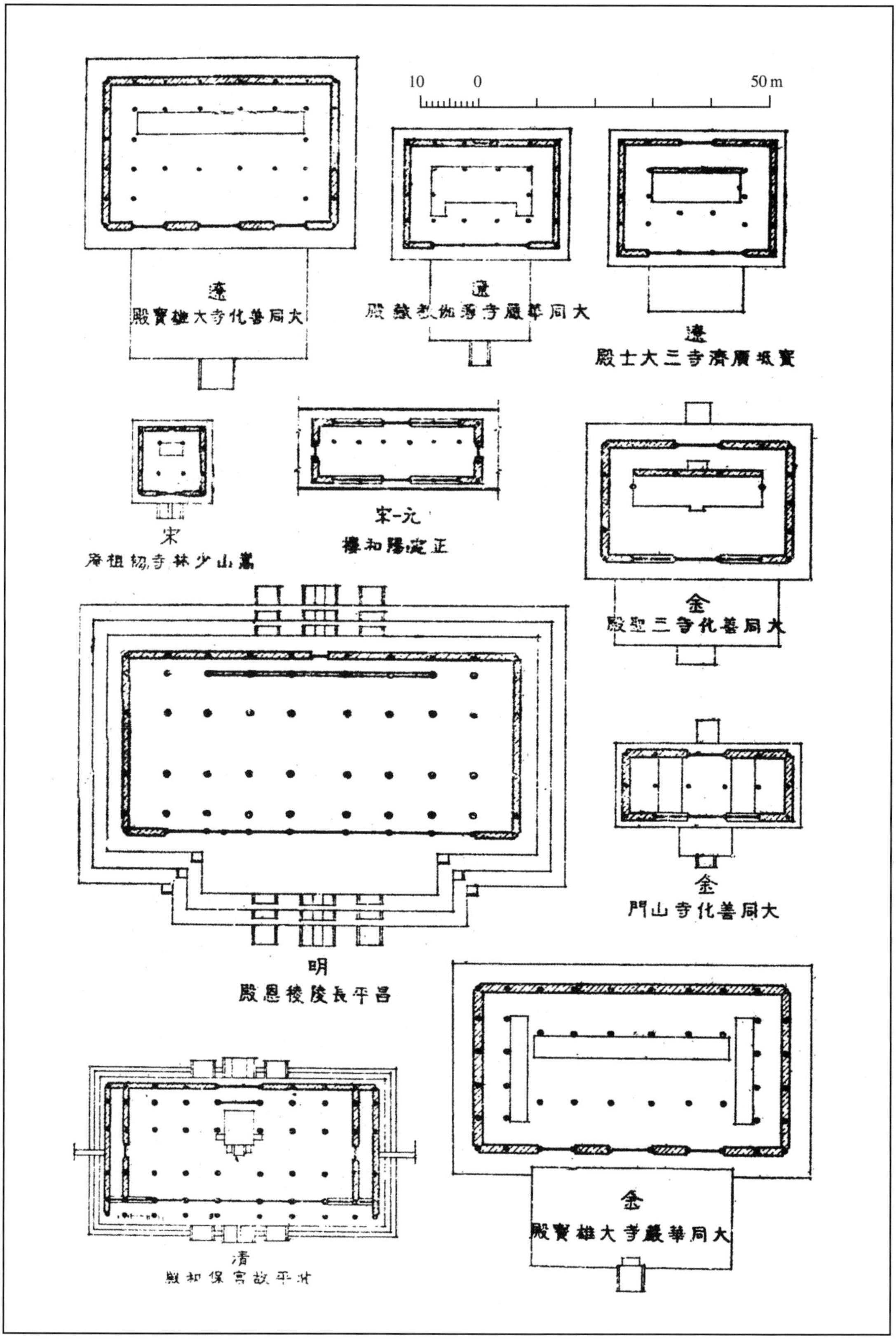
10 0 50 m
遼
大同善化寺大雄寶殿
遼
大同華嚴寺薄伽教藏殿
遼
寶坻廣濟寺三大士殿
宋
嵩山少林寺初祖庵
宋-元
正定陽和樓
金
大同善化寺三聖殿
明
昌平長陵祾恩殿
金
大同善化寺山門
清
北平故宮保和殿
金
大同華嚴寺大雄寶殿

辽宋元明清平面比较

二、屋顶之种类

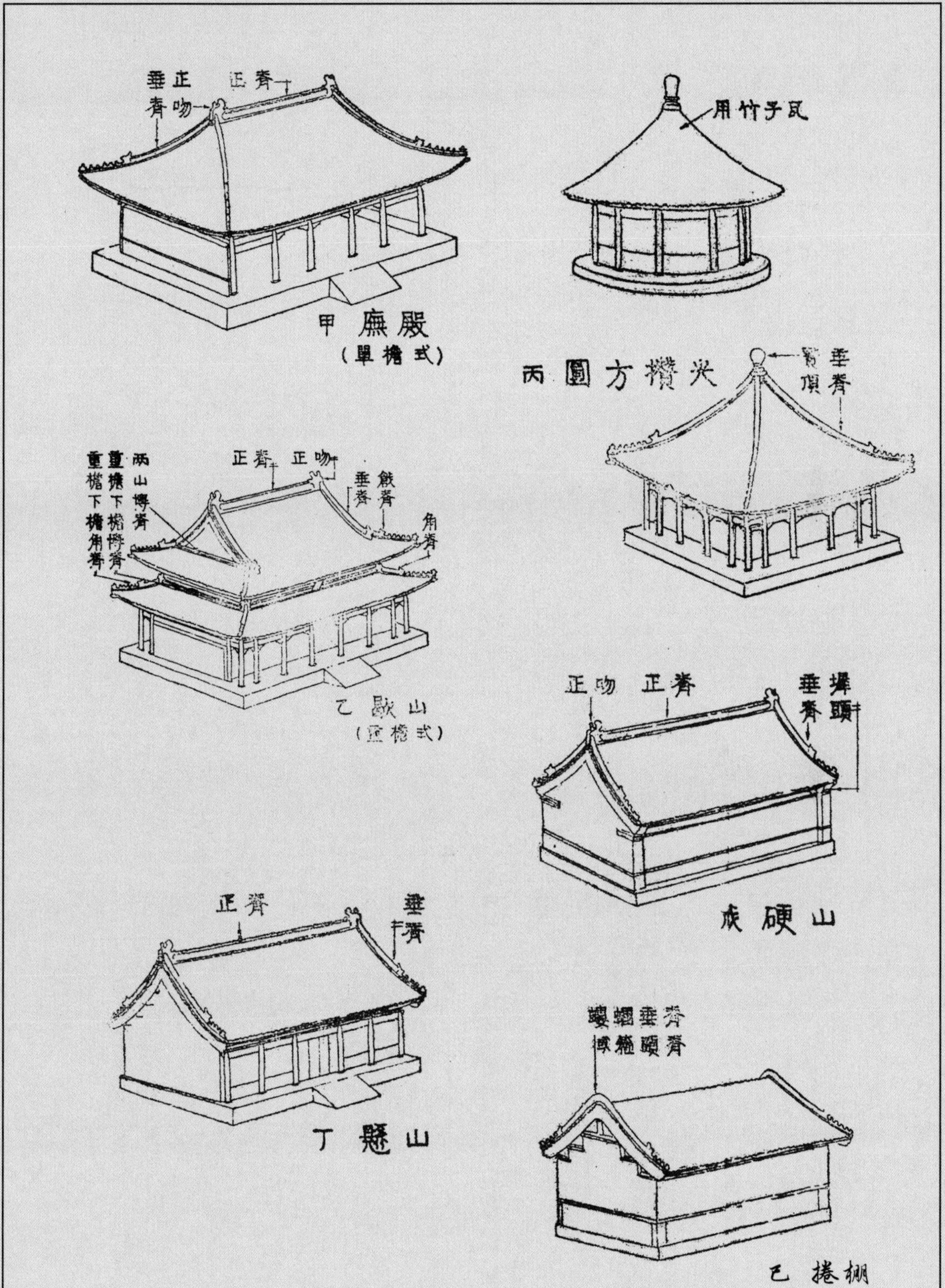

屋顶之种类

三、住宅

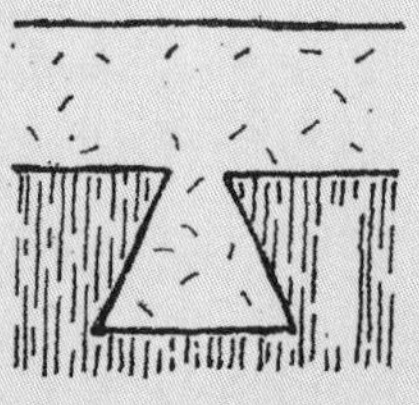

河南渑池仰韶村穴居剖视图

吉林林西县[1]穴居

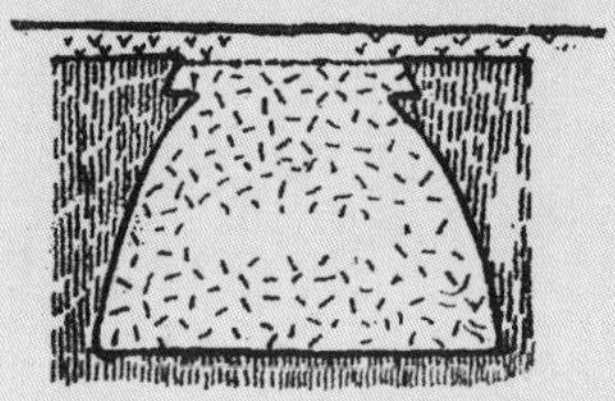

山西万泉荆村穴居剖视图

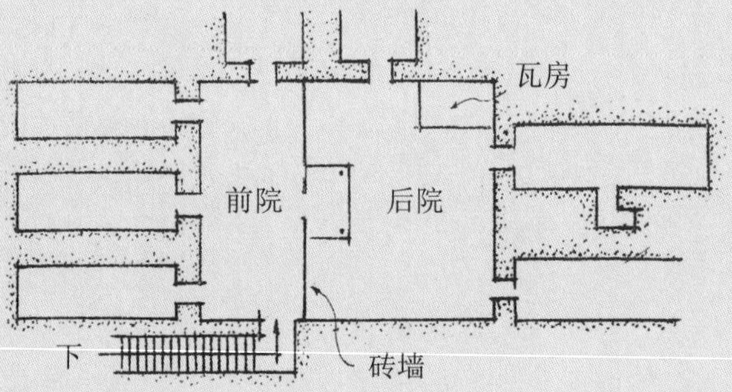

河南中部穴居平面图

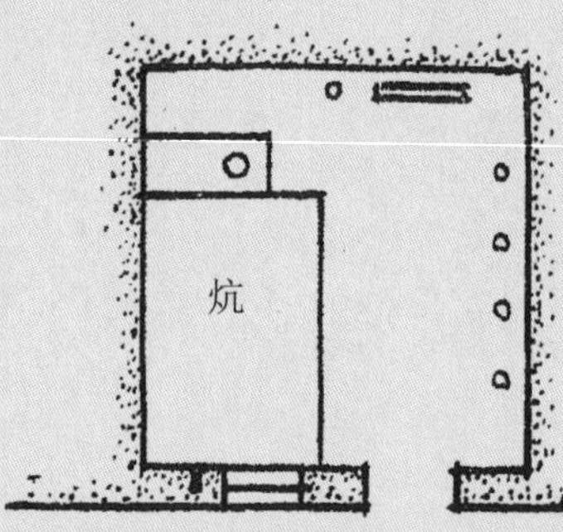

平面图

外景

河南巩县[2]穴居

山西阳曲穴居外景

1. [整理者注] 吉林林西县，今内蒙古自治区赤峰市林西县。
2. [整理者注] 河南巩县，今河南省巩义市。

北京西郊看青小棚

云南苗族家屋

辽东貔子窝看青小棚

云南腾冲民居

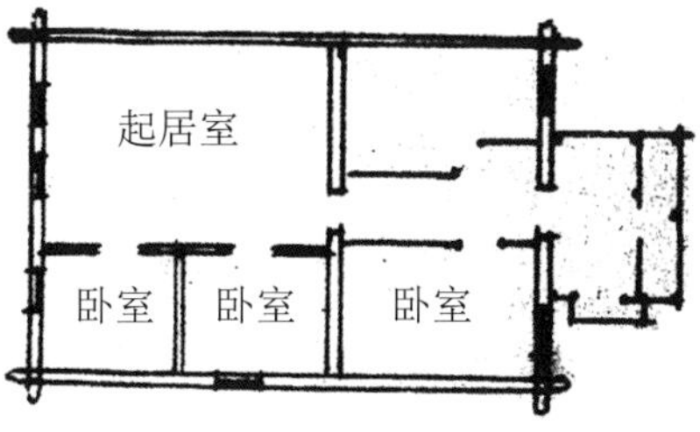

平面图

透视图

黑龙江井干式住宅

明器房屋之一（汉）

明器房屋之二（汉）

明器房屋之三（汉）

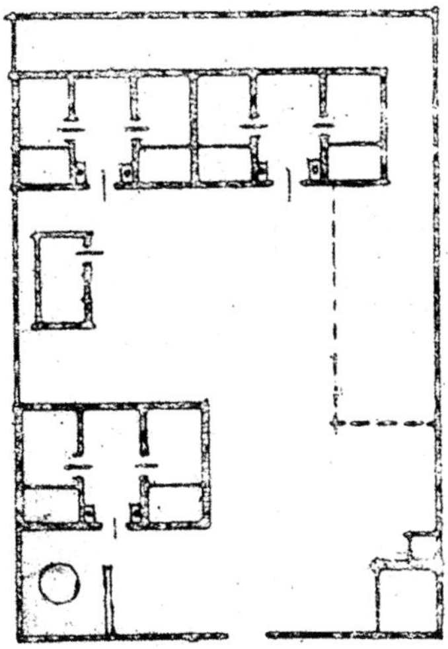

平面图

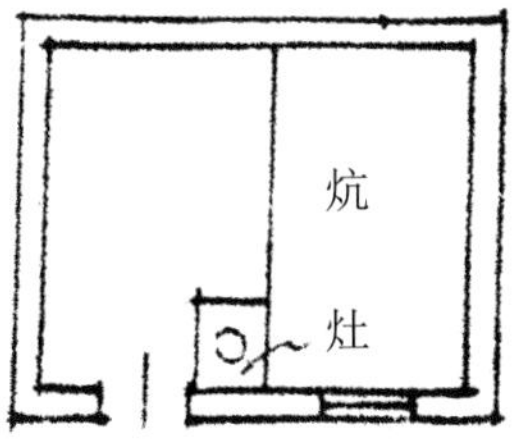

平面图

透视图

透视图

热河住宅（一）

热河住宅（二）

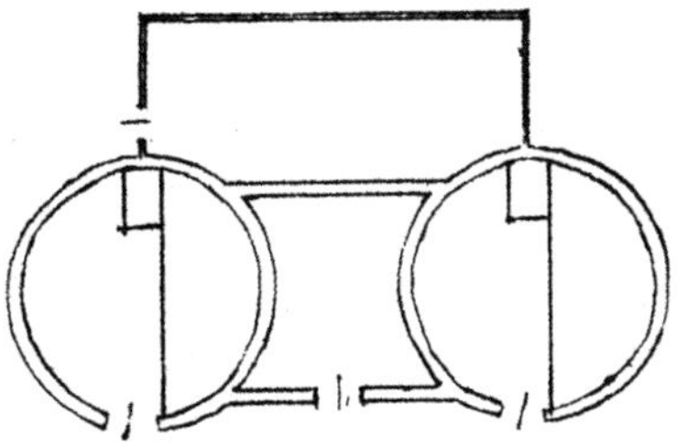

平面图

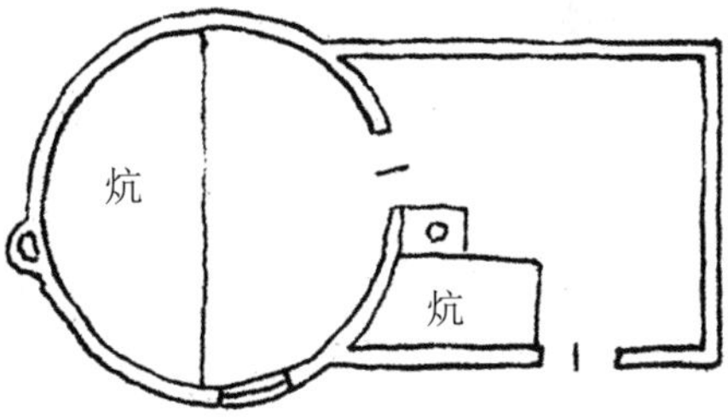

平面图

立面图

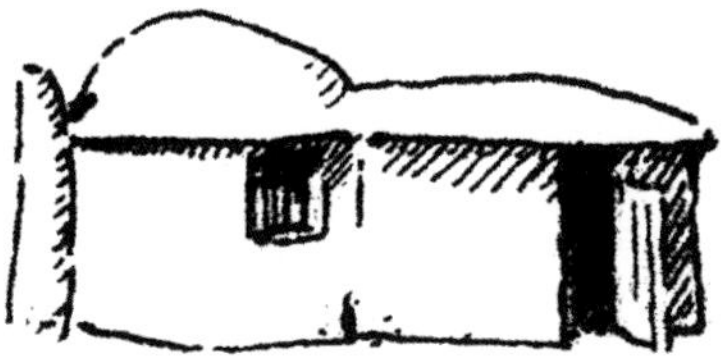

立面图

热河住宅（三）

热河住宅（四）

立面图

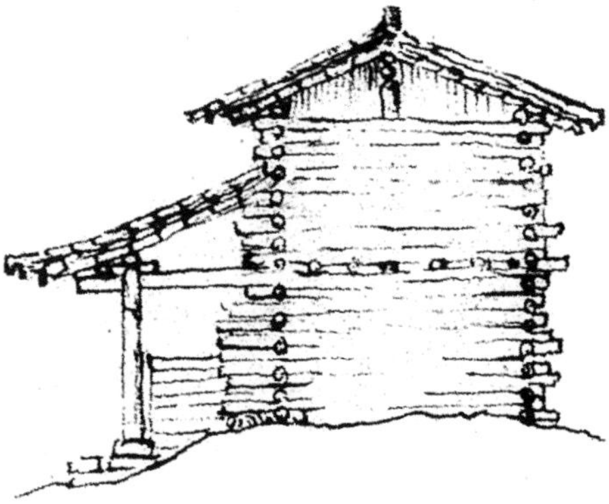

侧面图

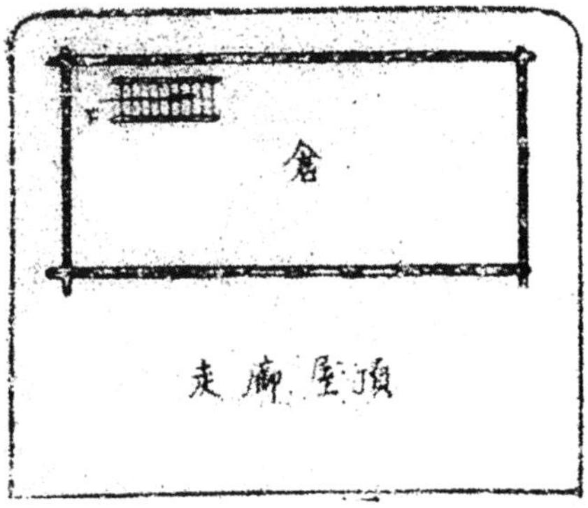

底层平面图

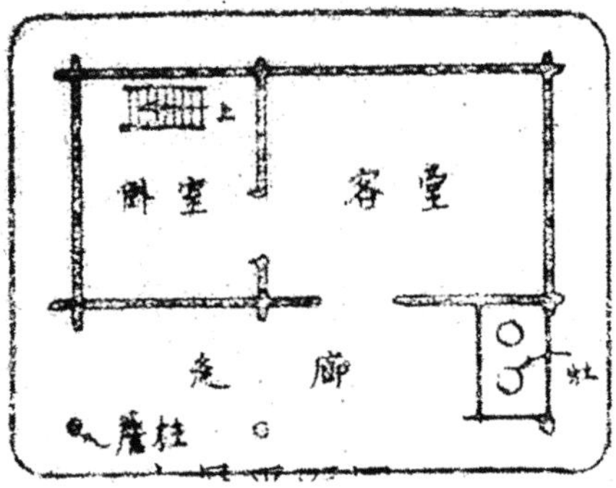

上层平面图

云南镇南县[1]井干式住宅（一）

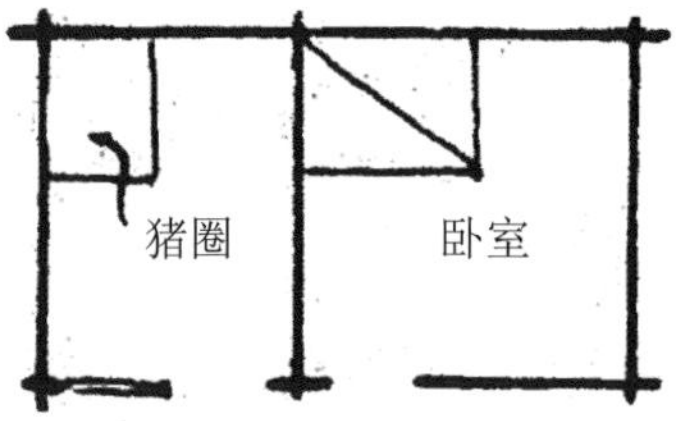

平面图

立面图

云南镇南县井干式住宅（二）

1. [整理者注] 云南镇南县，今隶属云南南华县。

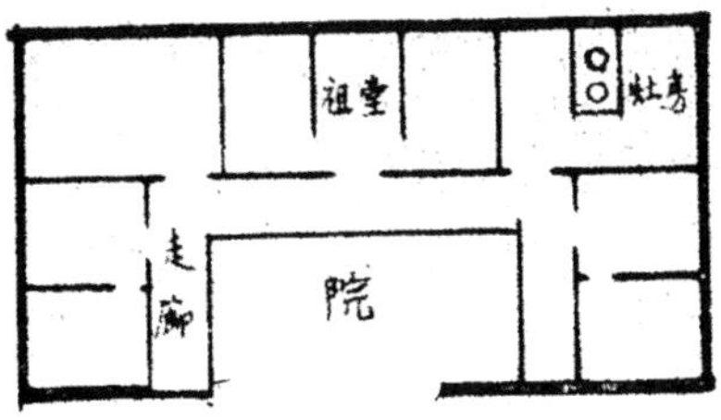

平面图

透视图

四川广汉住宅（一）

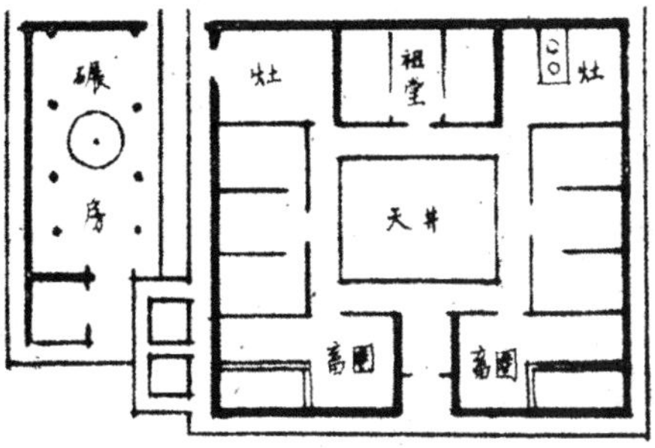

平面图

四川广汉住宅（二）

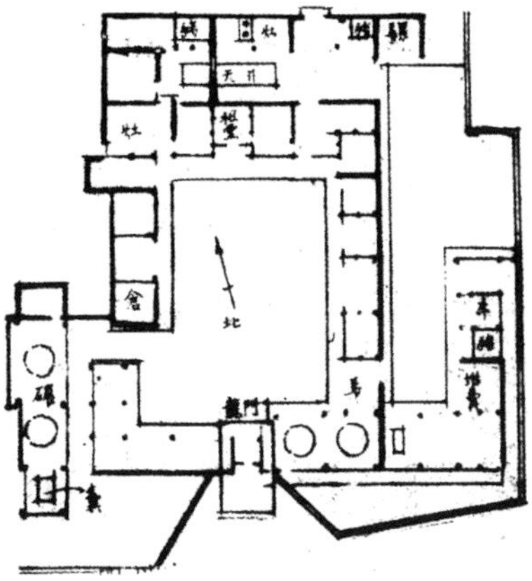

平面图

四川广汉住宅（三）

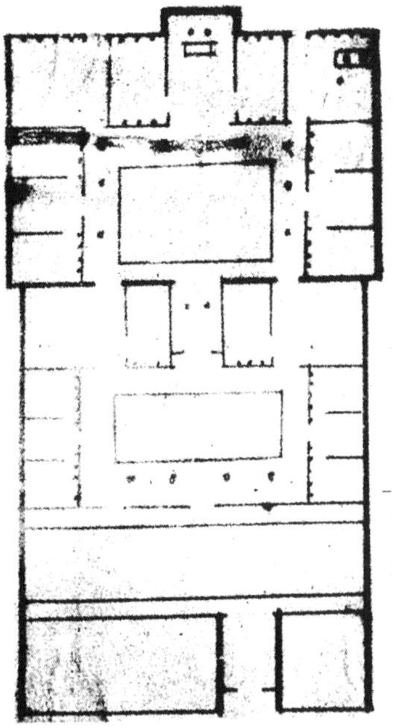

平面图

四川广汉住宅（四）

透视图

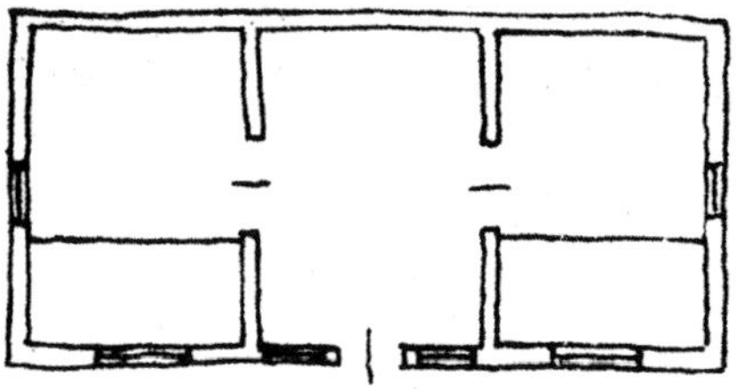

平面图

辽宁住宅

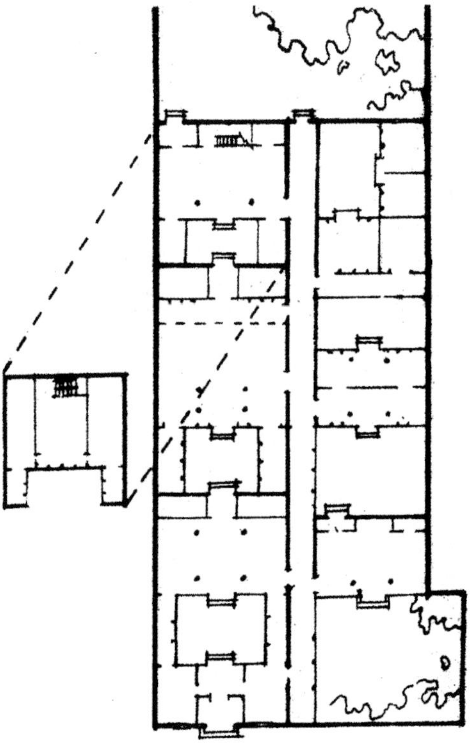

江苏苏州住宅平面图

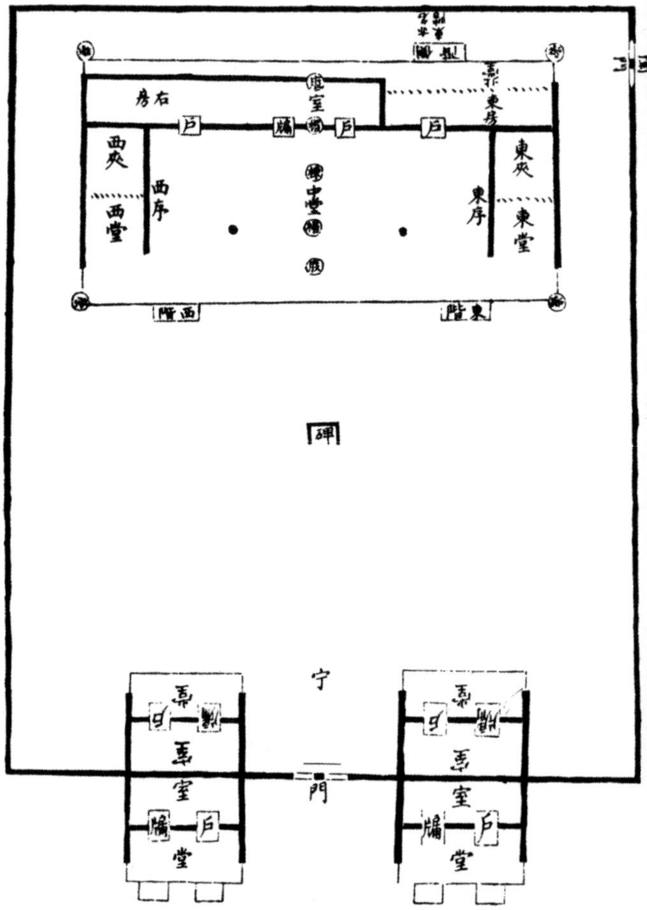

周代士大夫住宅想象平面图
（整理者编）

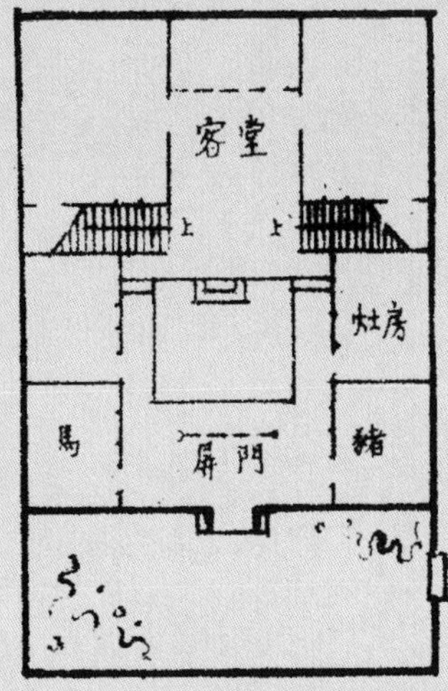

底层平面图

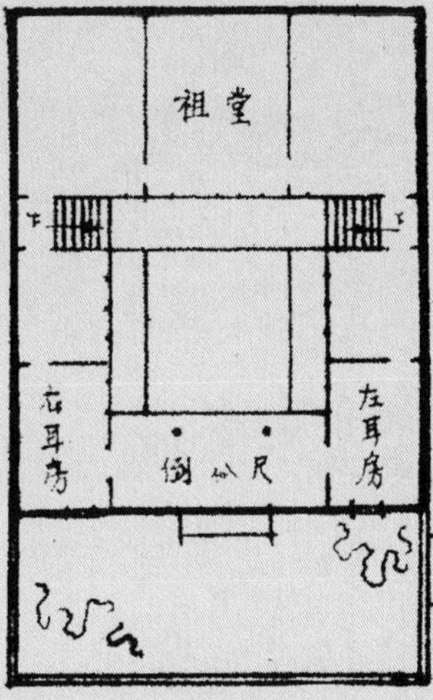

上层平面图

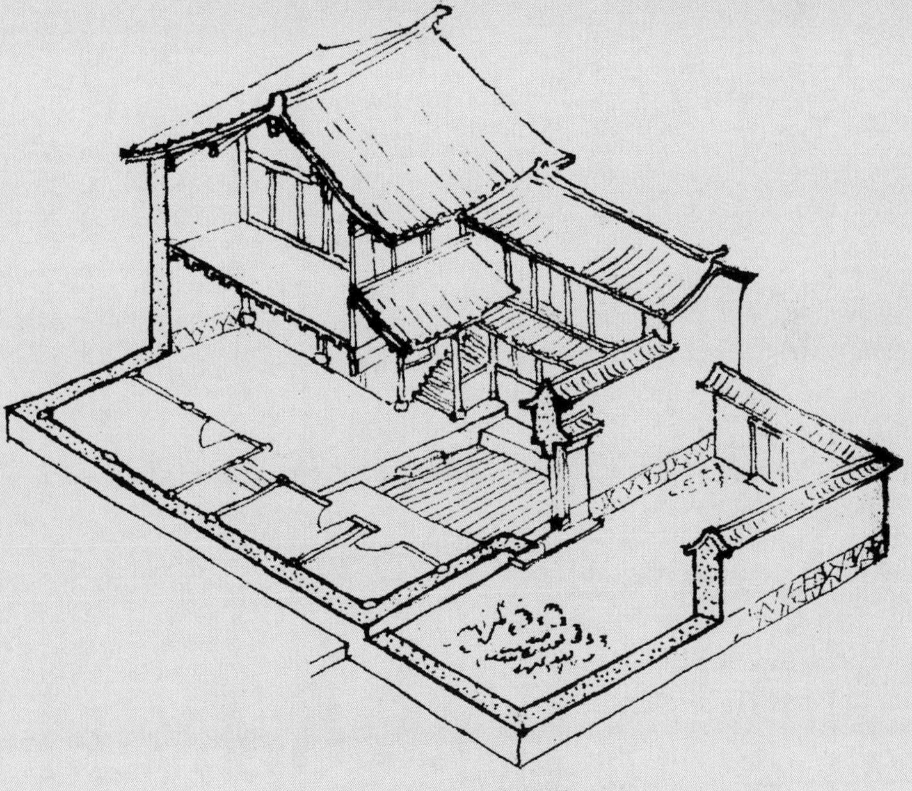

剖视图

云南昆明一颗印住宅

云南丽江三合院住宅外观
（整理者编）

云南丽江住宅外观
（整理者编）

云南丽江住宅外观
（整理者编）

云南姚安住宅外观
（整理者编）

云南姚安住宅

云南丽江学校

云南丽江住宅（一）

云南丽江住宅（二）

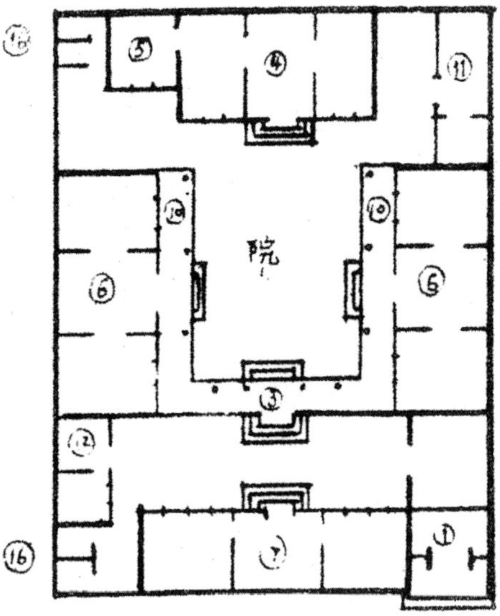

北京住宅平面图（一）

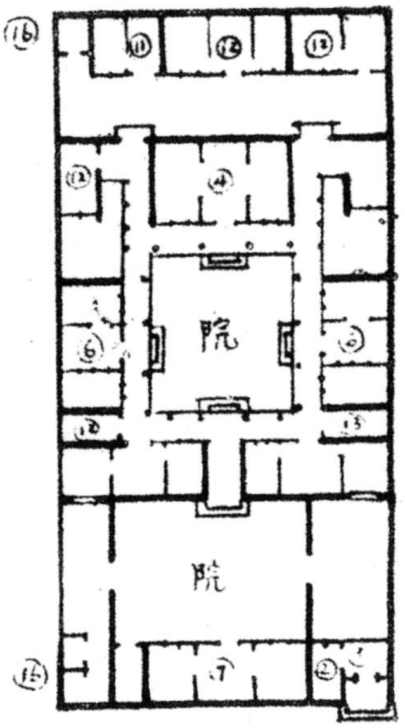

北京住宅平面图（二）

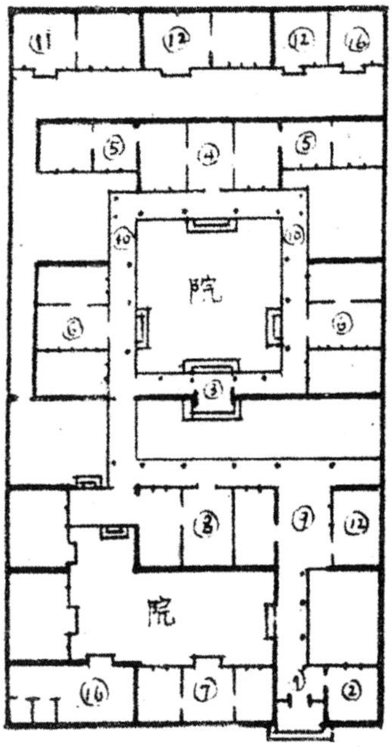

北京住宅平面图（三）

1 大門　9 過厅
2 門房　10 廊
3 垂花門　11 厨房
4 北屋　12 下房
5 套間　13 儲藏室
6 東西屋　14 雜房
7 倒座　15 二門
8 客厅　16 厠所

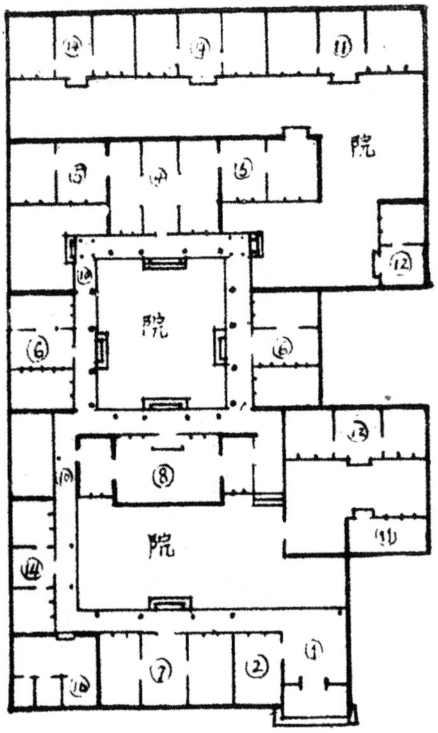

北京住宅平面图（四）

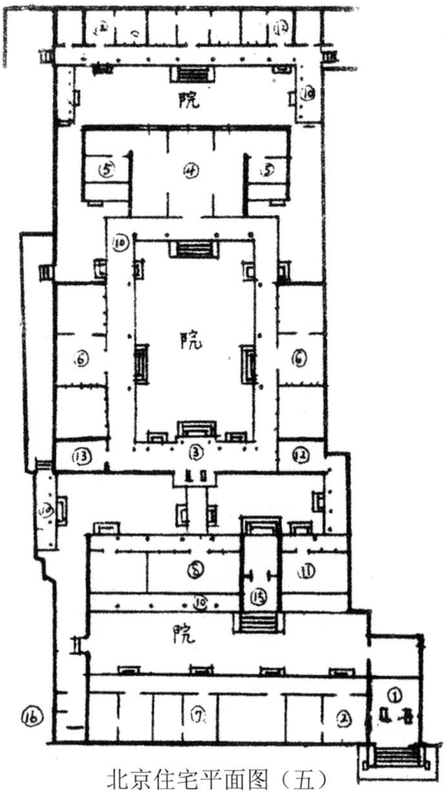

北京住宅平面图（五）

四、庭园

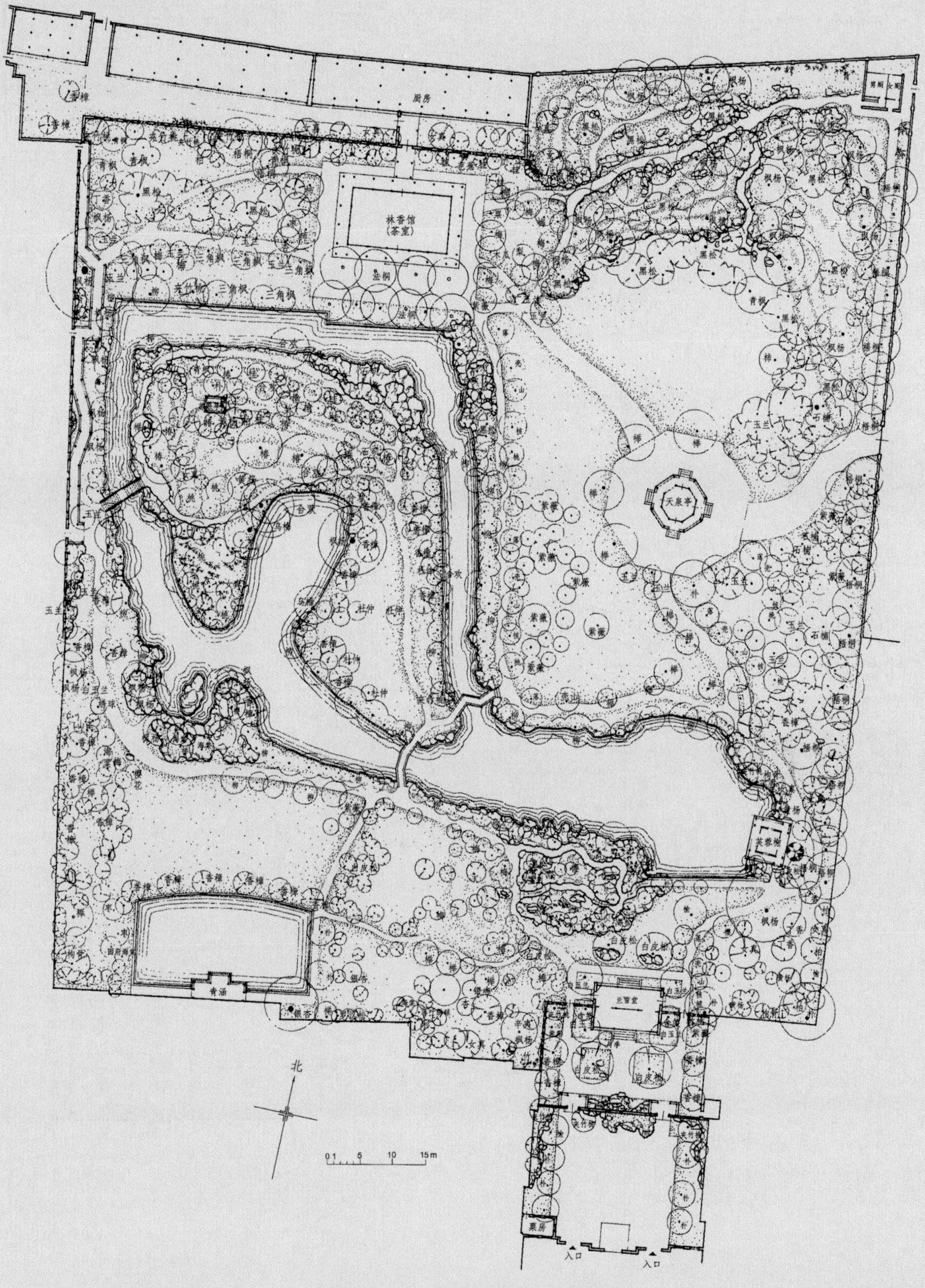

江苏苏州拙政园东部园林平面图
（整理者编）

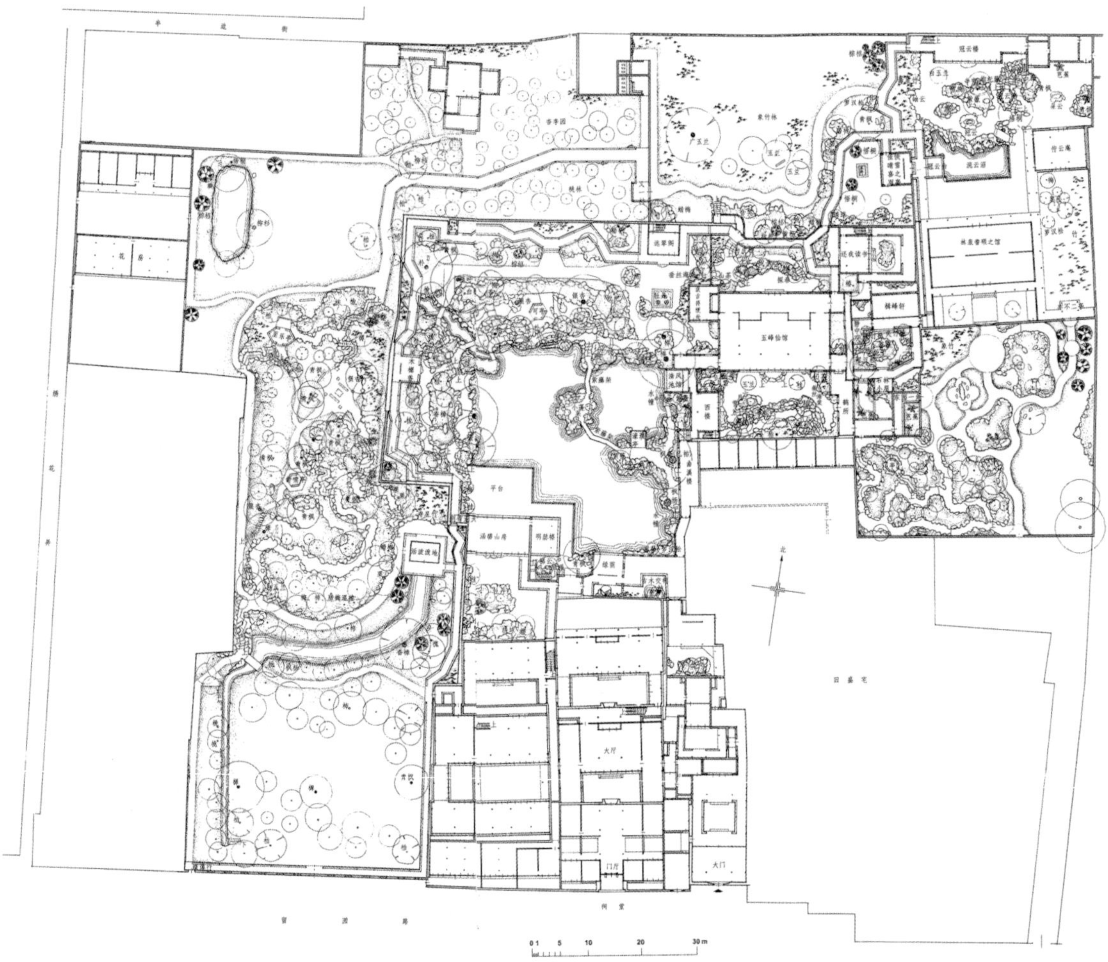

江苏苏州留园总平面图
（整理者编）

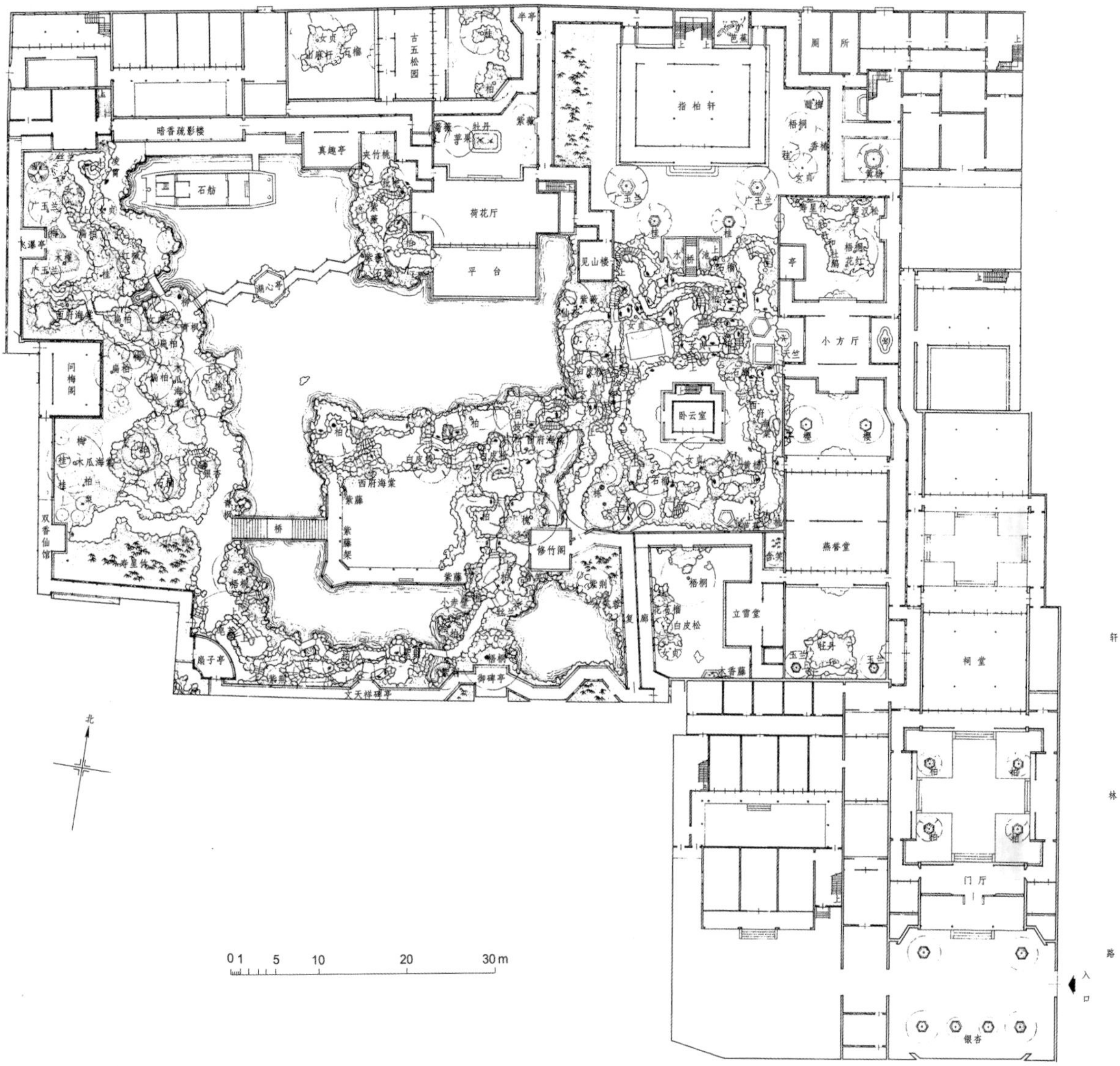

狮子林总平面图
（整理者编）

梧桐
竹叶
竹
看山楼
瑶华境界
翠玲珑
01 5 10 20 30 m
梅
梧桐
皂荚
仰止亭
紫荆
枫杨
丁香
西府海棠
海桐
明道堂
五百名贤祠
清香馆
沧浪亭
厕所
北
御碑亭
木香藤
女贞
罗汉松
辛夷
面水轩
大门
观鱼处
沧浪胜迹坊
沧
浪
亭
前

沧浪亭总平面图
（整理者编）

江苏吴县木渎严家花园（一）

严家花园（二）

江苏苏州西园

留园

严家花园（三）

严家花园（四）

拙政园

狮子林（一）

狮子林（二）

江苏苏州可园

留园地面花纹（一）

留园地面花纹（二）

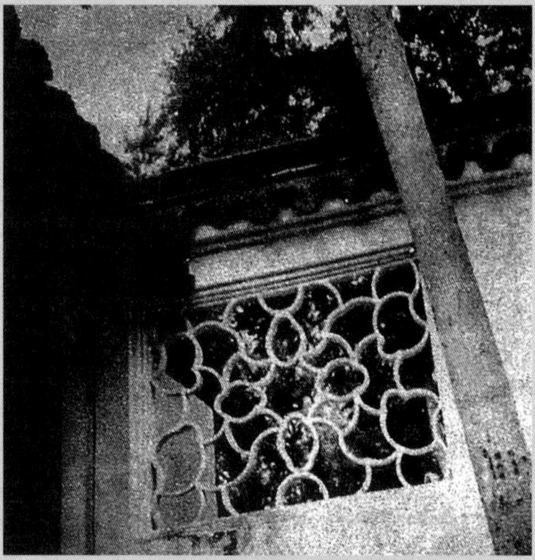

沧浪亭（一）

沧浪亭（二）

沧浪亭（三）

狮子林（三）

江苏苏州陈宅之门

留园庭园围墙

五、商店（附小庙）

四川郫县土地庙

云南鹤庆商店

云南邓川县[1]下山口庙

云南昆明商店

1. [整理者注] 云南邓川县，今隶属云南洱源县。

六、都市计划

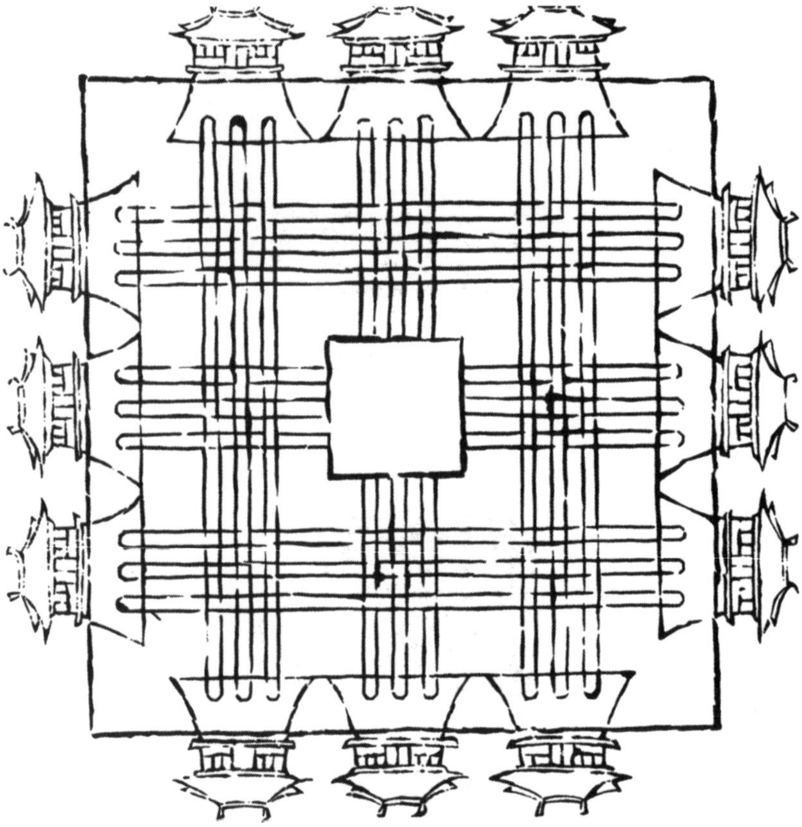

王城平面想象图（周）

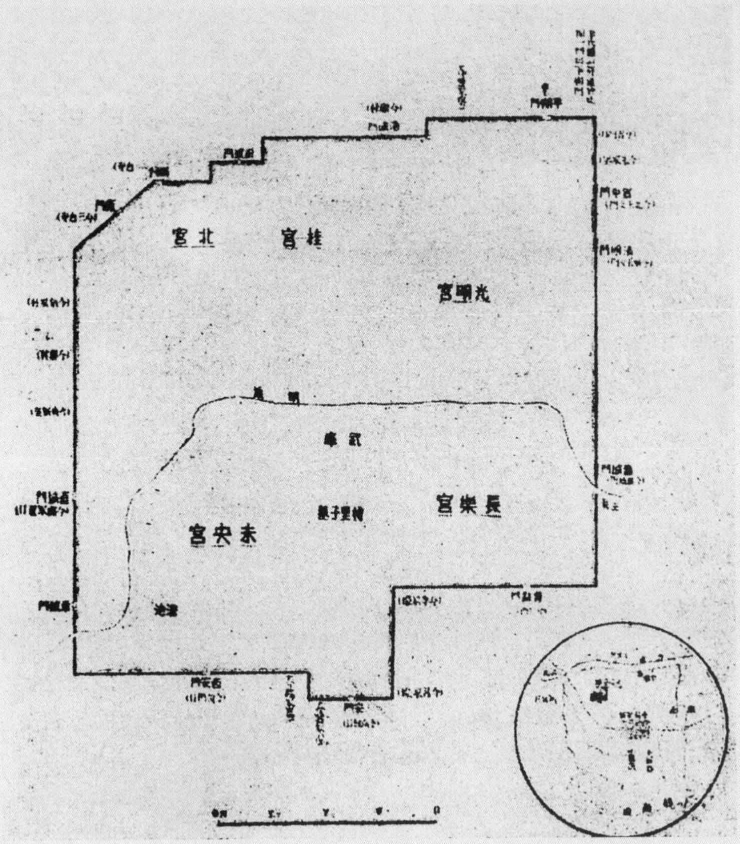

长安城故址平面图（西汉）

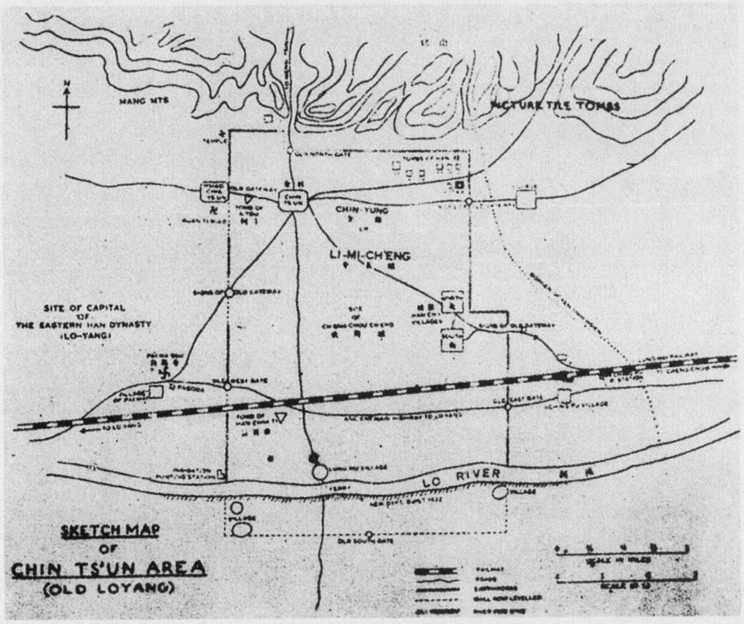

洛阳城故址平面图（东汉—北魏）

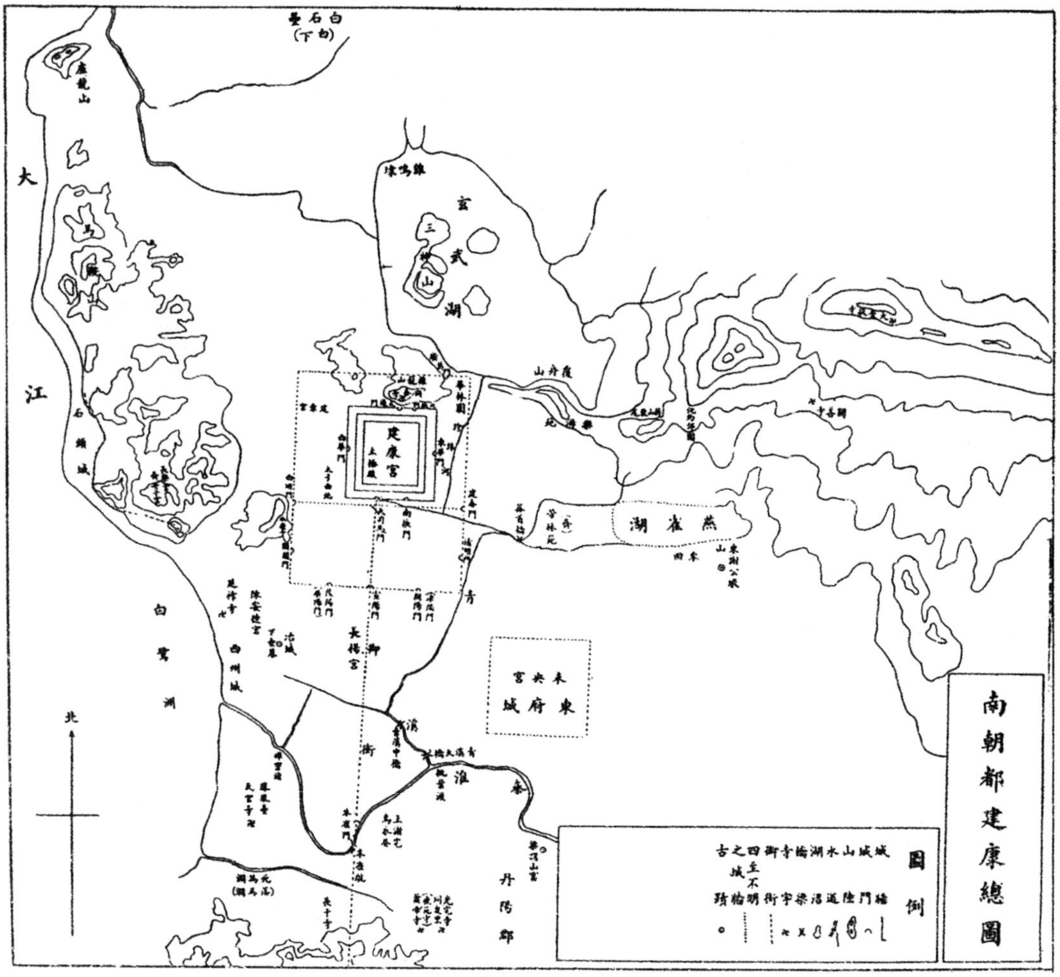

建康平面图（南朝）

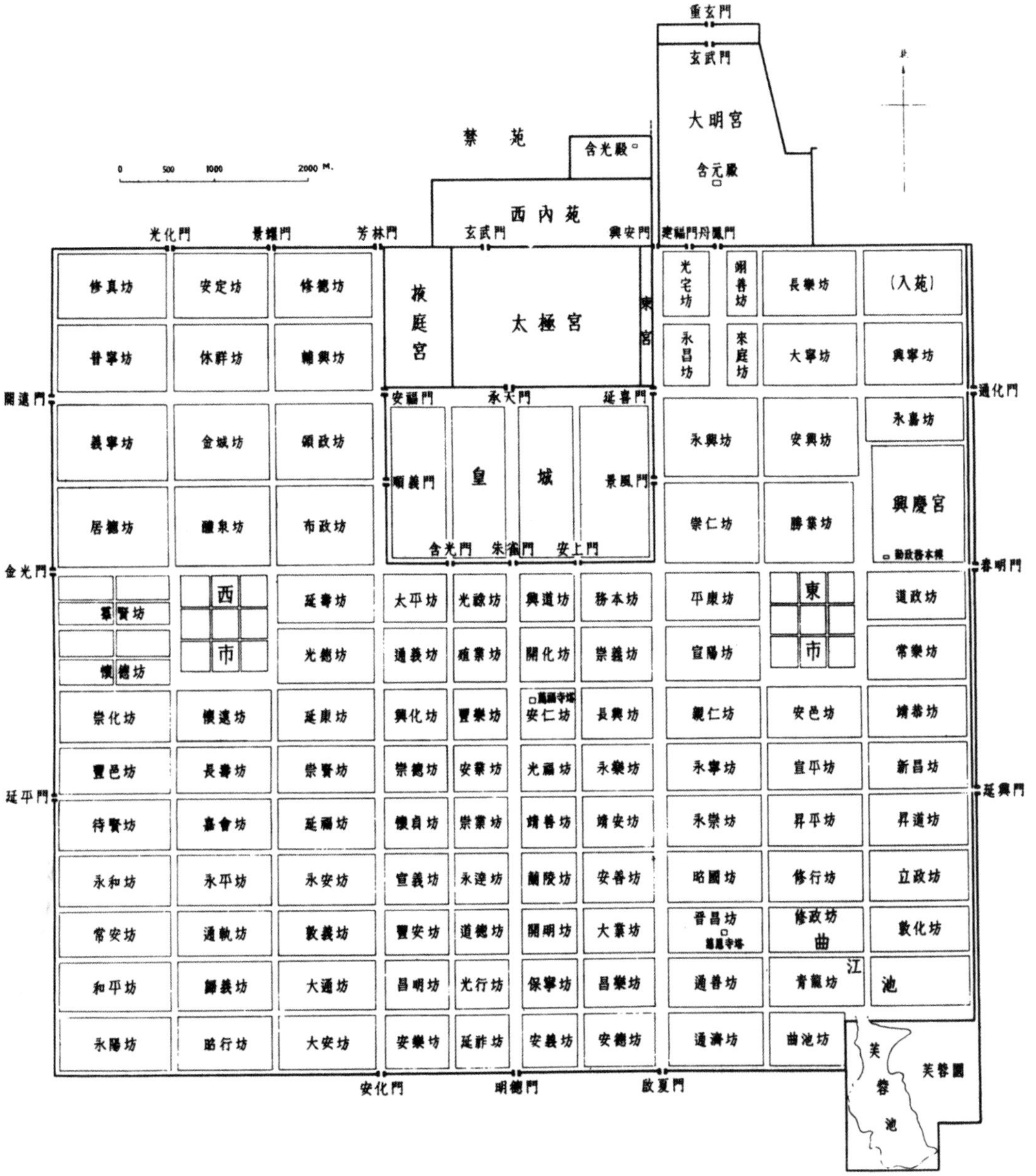

重玄門
玄武門
大明宮
含元殿
禁苑
含光殿
西內苑
光化門
景耀門
芳林門
玄武門
興安門
建福門
丹鳳門
掖庭宮
太極宮
東宮
光宅坊
永昌坊
來庭坊
長樂坊
大寧坊
（入苑）
興寧坊
修真坊
安定坊
修德坊
普寧坊
休祥坊
輔興坊
開遠門
安福門
承天門
延喜門
通化門
永嘉坊
義寧坊
金城坊
頒政坊
順義門
皇
城
景風門
永興坊
安興坊
居德坊
醴泉坊
布政坊
崇仁坊
勝業坊
興慶宮
含光門
朱雀門
安上門
金光門
春明門
西
市
東
市
羣賢坊
懷德坊
延壽坊
光德坊
太平坊
光祿坊
興道坊
務本坊
平康坊
宣陽坊
道政坊
常樂坊
通義坊
殖業坊
開化坊
崇義坊
崇化坊
懷遠坊
延康坊
興化坊
豐樂坊
安仁坊
長興坊
親仁坊
安邑坊
靖恭坊
豐邑坊
長壽坊
崇賢坊
崇德坊
安業坊
光福坊
永樂坊
永寧坊
宣平坊
新昌坊
延平門
延興門
待賢坊
嘉會坊
延福坊
懷貞坊
崇業坊
靖善坊
靖安坊
永崇坊
昇平坊
昇道坊
永和坊
永平坊
永安坊
宣義坊
永達坊
蘭陵坊
安善坊
昭國坊
修行坊
立政坊
常安坊
通軌坊
敦義坊
豐安坊
道德坊
開明坊
大業坊
晉昌坊
修政坊
敦化坊
和平坊
歸義坊
大通坊
昌明坊
光行坊
保寧坊
昌樂坊
通善坊
青龍坊
曲
江
池
永陽坊
昭行坊
大安坊
安樂坊
延祚坊
安義坊
安德坊
通濟坊
曲池坊
芙蓉池
芙蓉園
安化門
明德門
啟夏門

长安平面图（隋唐）

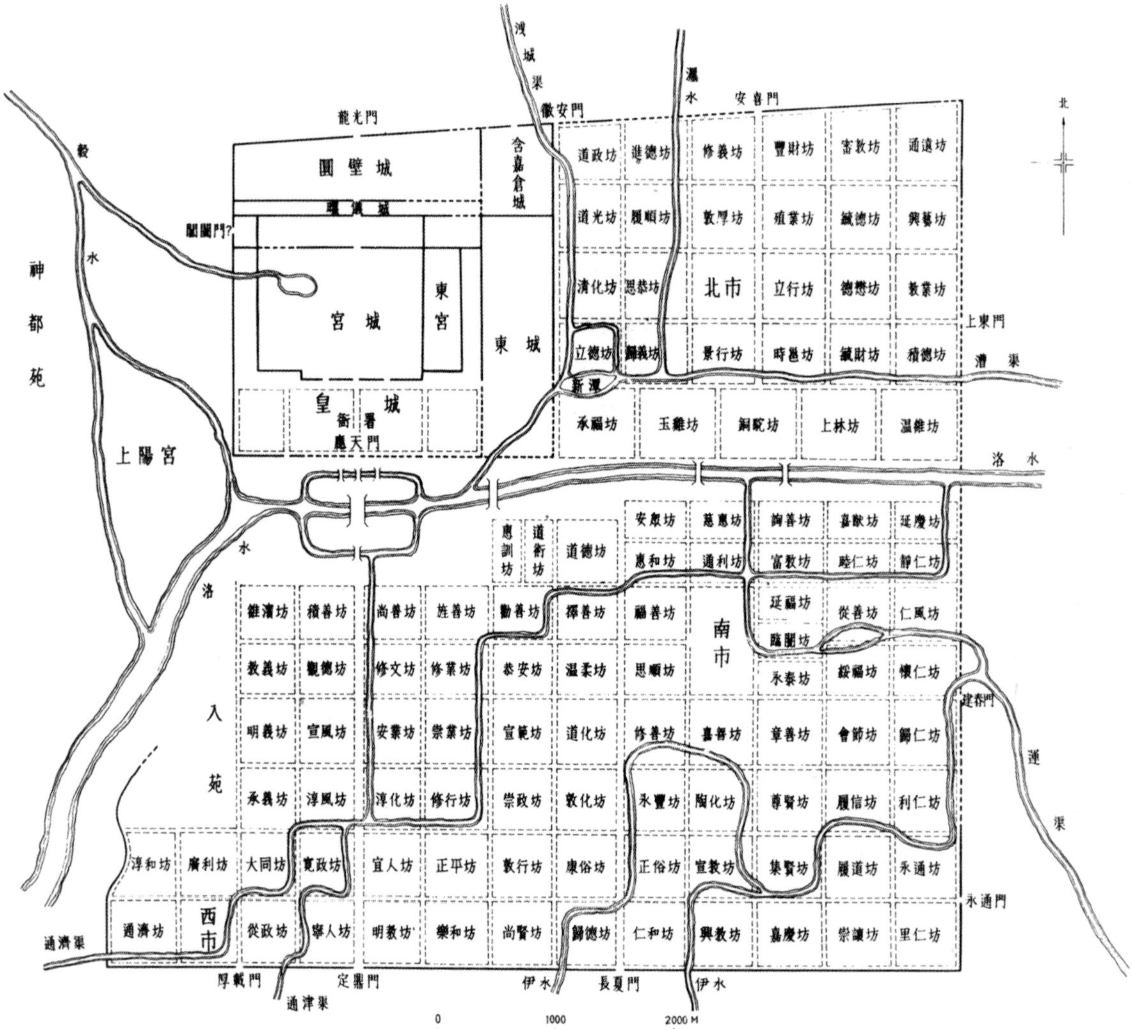

洩城渠
瀍水
安喜門
徽安門
龍光門
圓壁城
曜儀城
含嘉倉城
閶闔門?
宮城
東宮
東城
皇城
衙署
應天門
穀水
神都苑
上陽宮
道政坊
進德坊
修義坊
豐財坊
審教坊
通遠坊
道光坊
履順坊
敦厚坊
殖業坊
毓德坊
興藝坊
清化坊
思恭坊
北市
立行坊
德懋坊
教業坊
立德坊
歸義坊
景行坊
時邕坊
毓財坊
積德坊
上東門
漕渠
新潭
承福坊
玉雞坊
銅駝坊
上林坊
溫雒坊
洛水
安衆坊
慈惠坊
詢善坊
嘉猷坊
延慶坊
惠訓坊
道術坊
道德坊
惠和坊
通利坊
富教坊
睦仁坊
靜仁坊
洛水
積善坊
尚善坊
旌善坊
勸善坊
擇善坊
福善坊
南市
延福坊
從善坊
仁風坊
臨闡坊
教義坊
觀德坊
修文坊
修業坊
恭安坊
溫柔坊
思順坊
永泰坊
懷仁坊
建春門
入苑
明義坊
宣風坊
安業坊
崇業坊
宣範坊
道化坊
修善坊
嘉善坊
章善坊
會節坊
歸仁坊
運渠
承義坊
淳風坊
淳化坊
修行坊
崇政坊
敦化坊
永豐坊
陶化坊
尊賢坊
履信坊
利仁坊
淳和坊
廣利坊
大同坊
寬政坊
宜人坊
正平坊
敦行坊
康俗坊
正俗坊
宣教坊
集賢坊
履道坊
永通坊
永通門
通濟渠
通濟坊
西市
從政坊
寧人坊
明教坊
樂和坊
尚賢坊
歸德坊
仁和坊
興教坊
嘉慶坊
崇讓坊
里仁坊
厚載門
通津渠
定鼎門
伊水
長夏門
伊水
0
1000
2000 M
北

洛阳平面图（隋唐）

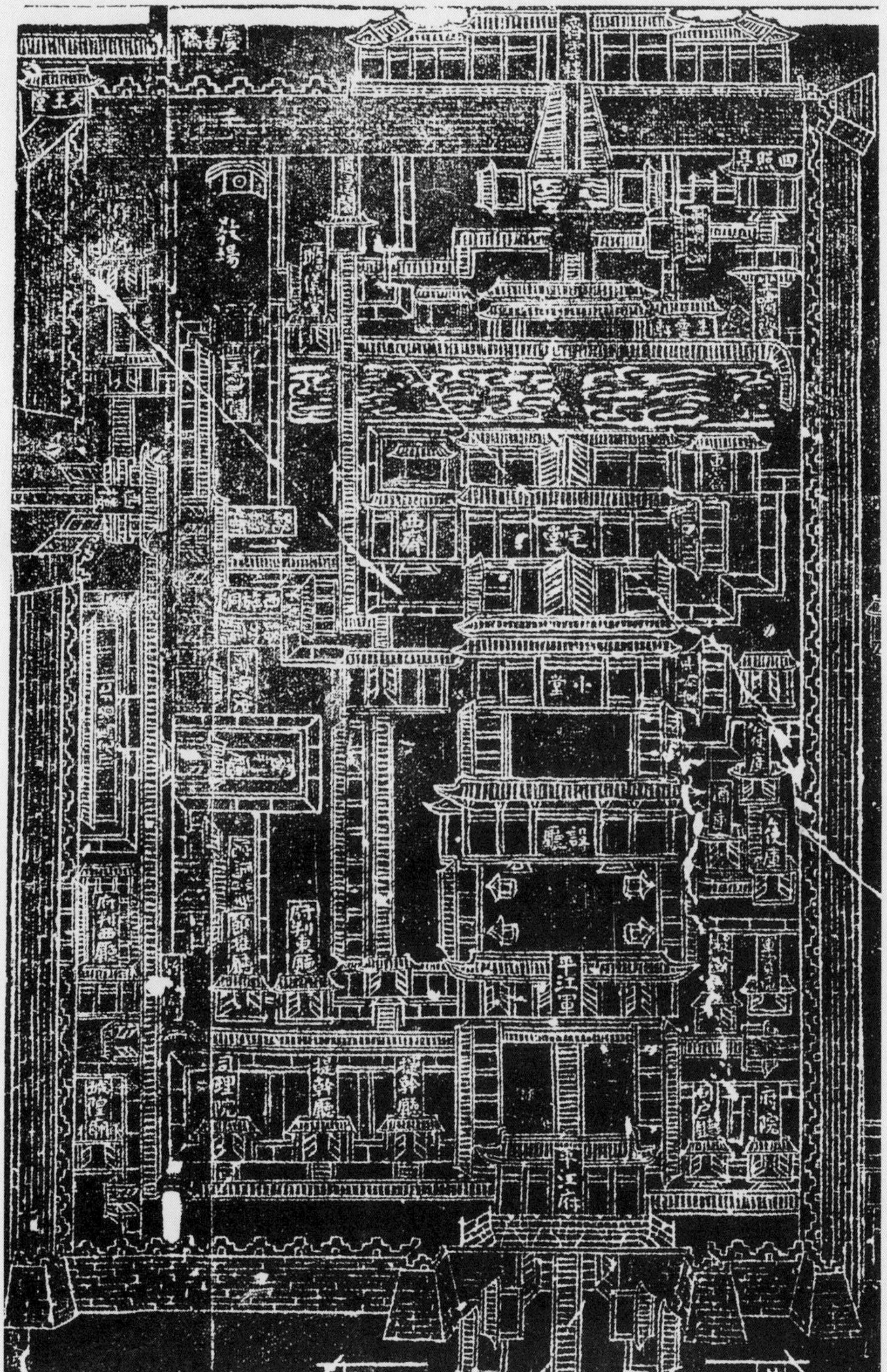

平江府治平面图（宋）

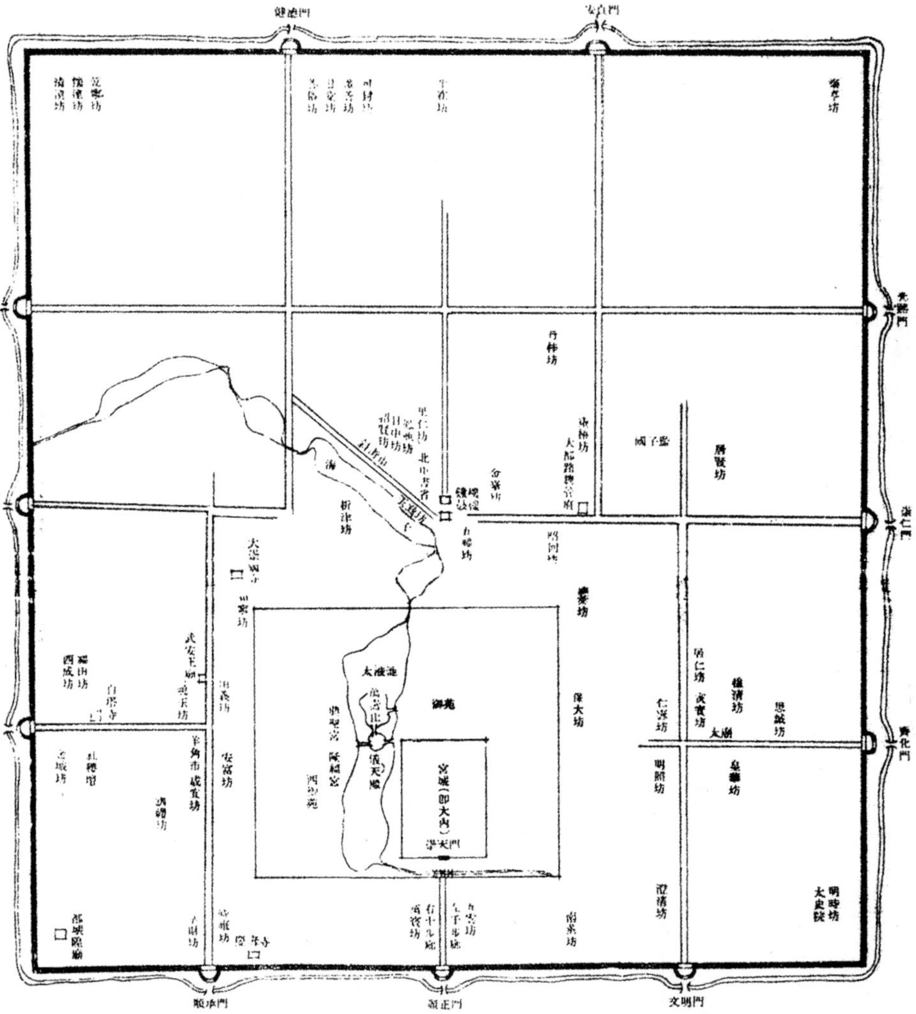

元大都城坊宫苑平面配置想象图

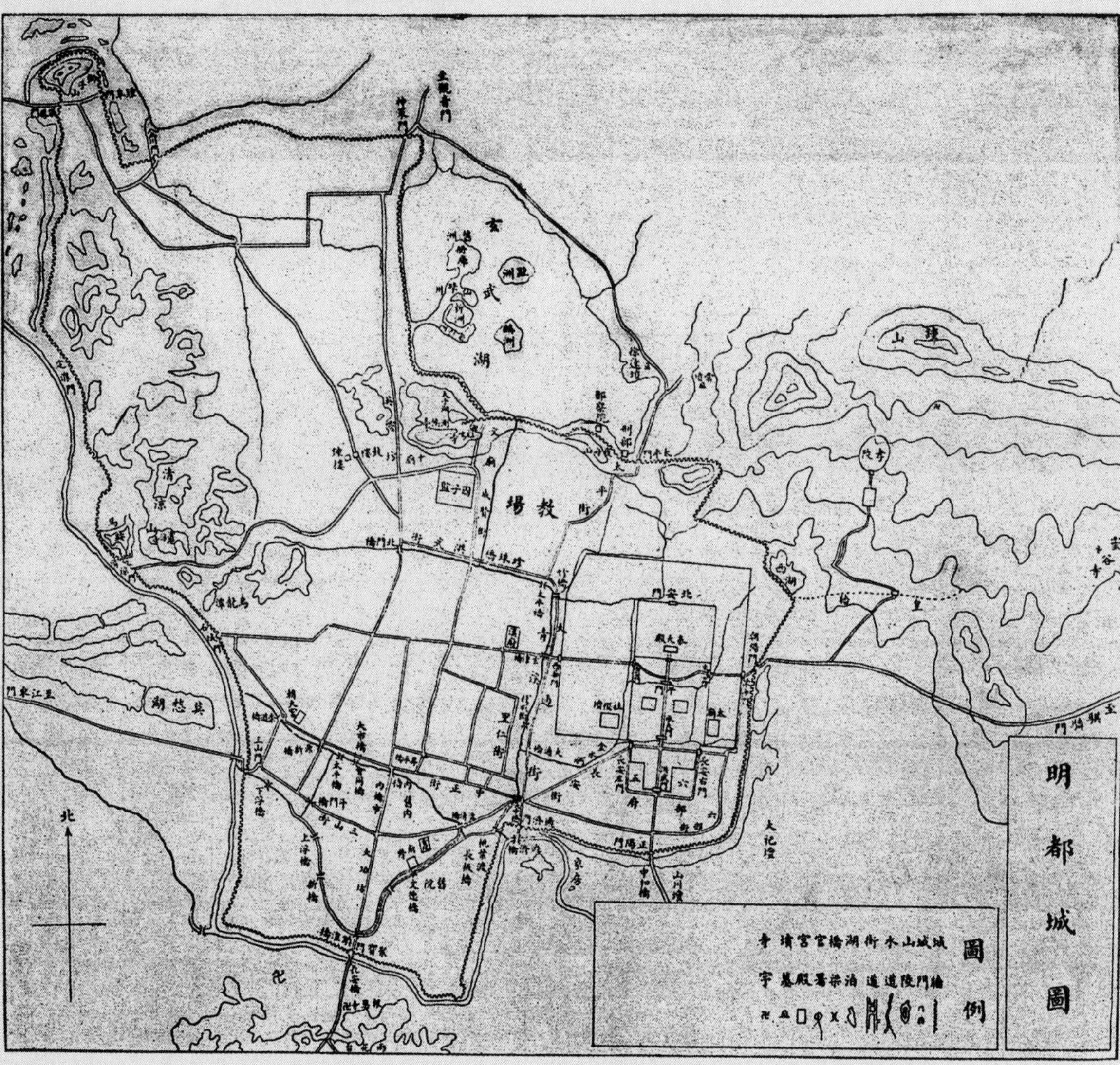

南京平面图（明）

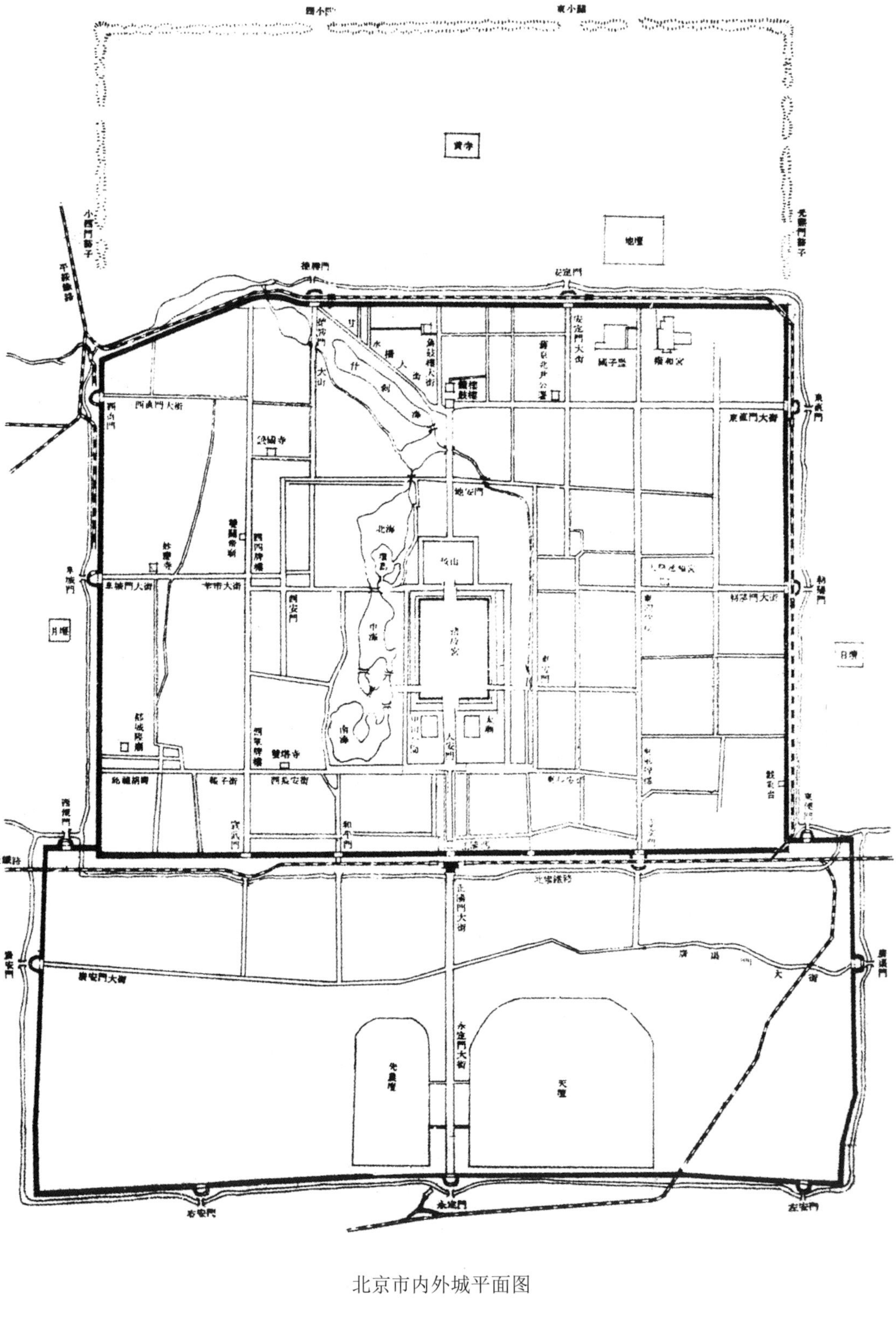
德勝門
安定門
地壇
國子監
雍和宮
西直門
西直門大街
東直門
東直門大街
北海
中海
南海
景山
阜成門
阜成門大街
朝陽門
朝陽門大街
月壇
日壇
正陽門大街
廣安門
廣安門大街
廣渠門
永定門大街
先農壇
天壇
右安門
永定門
左安門

北京市内外城平面图

七、楼阁

山东济宁两城山画像石刻（汉）

明器楼阁之一（汉）

明器楼阁之二（汉）

明器楼阁之三（汉）

明器三层楼阁（汉）

辽东南山里汉墓明器（汉）

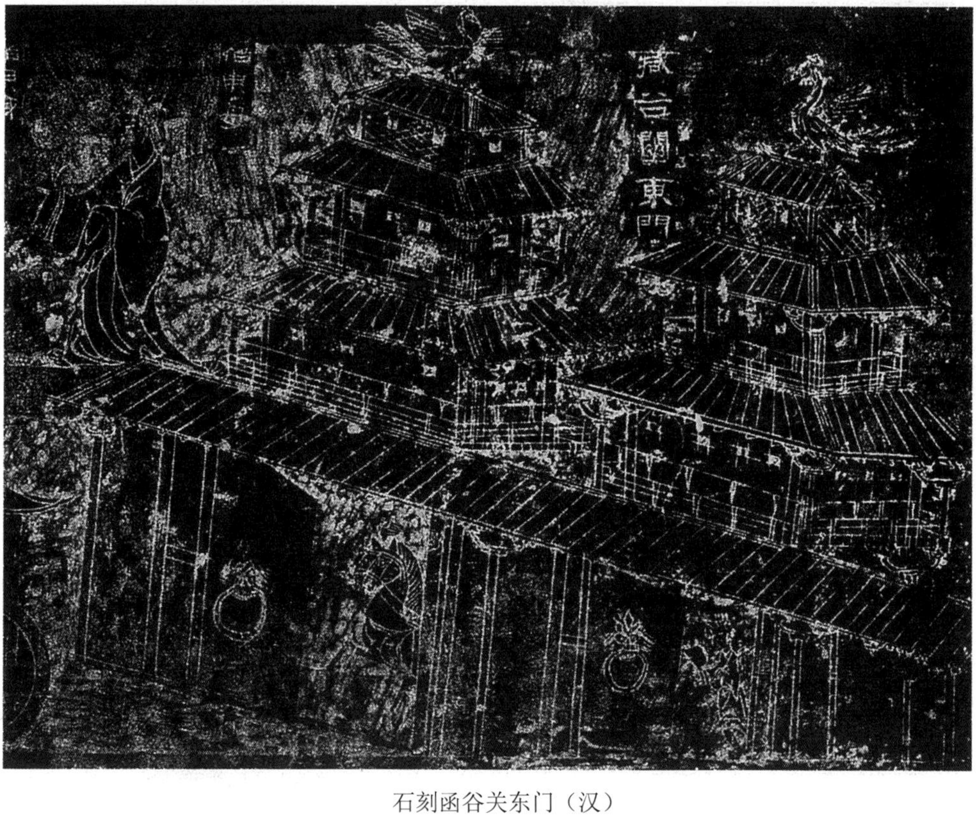

石刻函谷关东门（汉）

河北正定隆兴寺转轮藏殿（宋）

山西大同鼓楼（明）

北京钟楼与鼓楼（清）

八、宫殿衙署

陕西西安未央宫前殿故址（西汉）

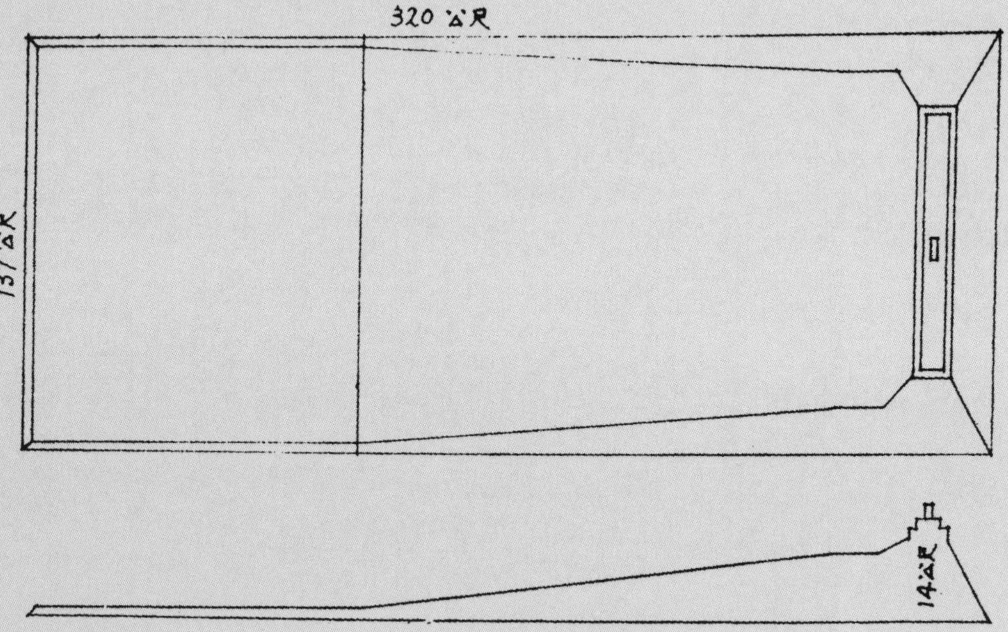

陕西西安未央宫前殿故址实测图（西汉）

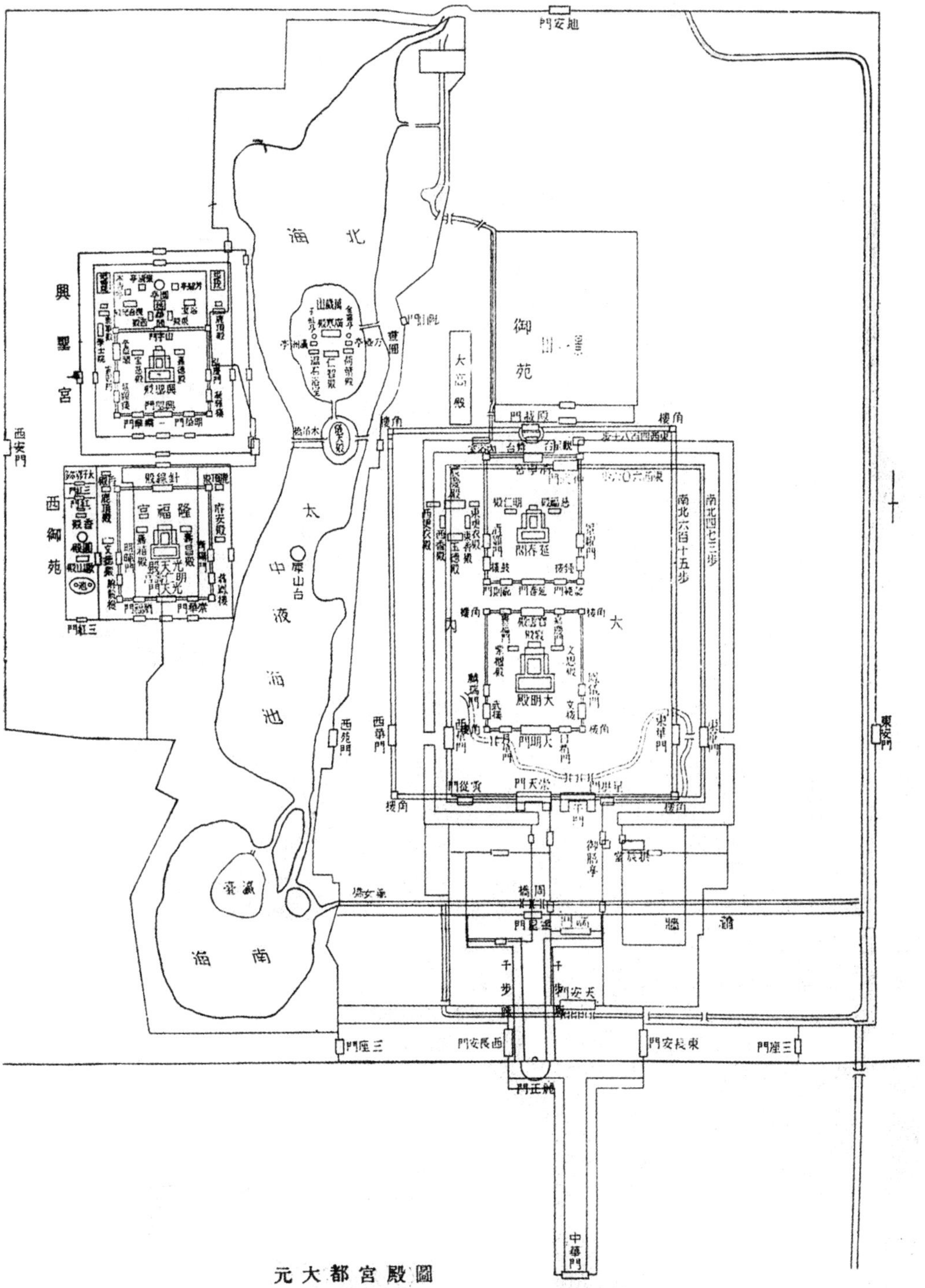

元大都宮殿圖

底稿根據清光緒三十四年常琦測繪北京精細全圖

元宮殿根據陶宗儀輟耕錄及蕭洵故宮遺錄

元大都宫殿图（元）

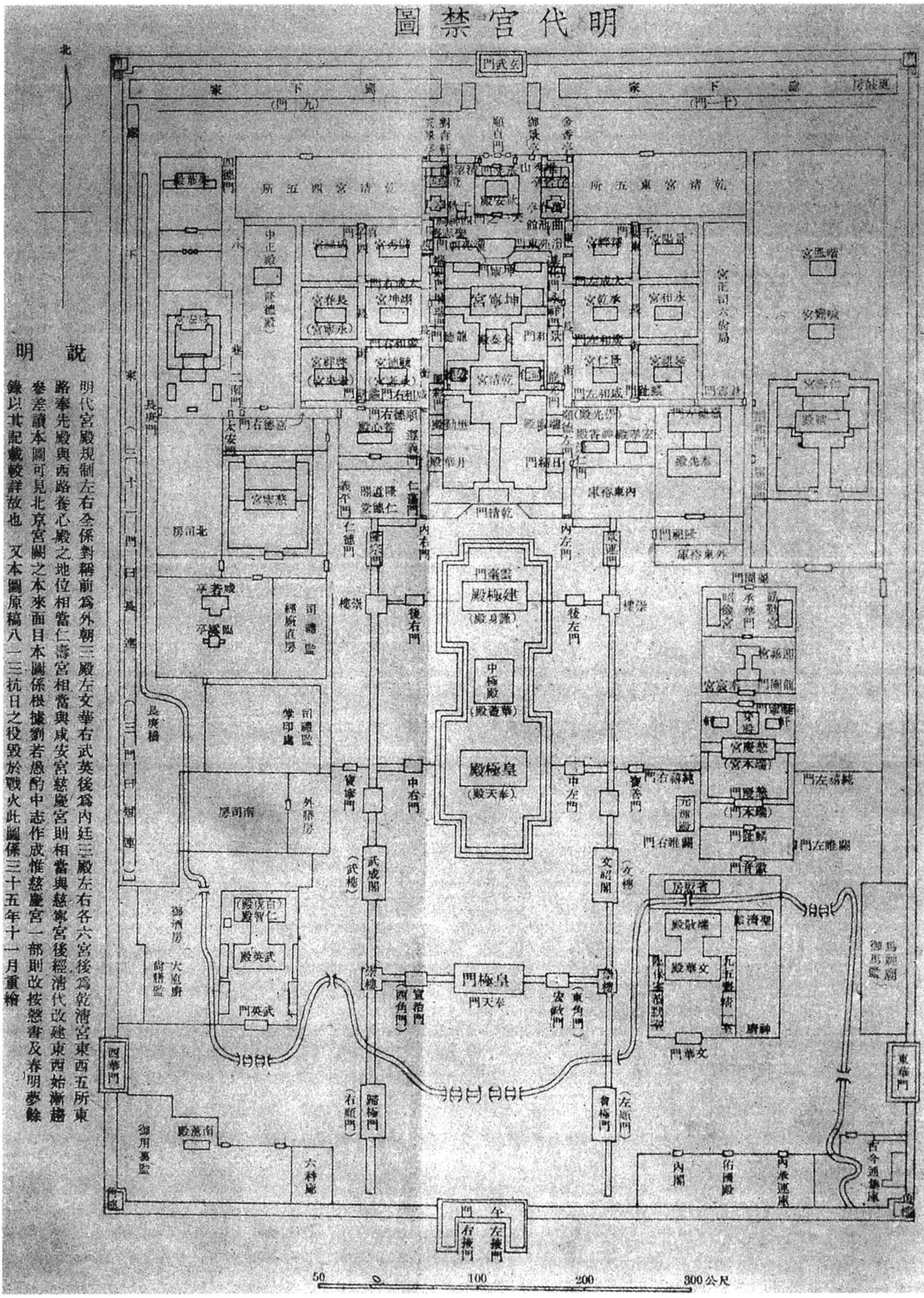
明代宮禁圖
說明
明代宮殿規制左右全係對稱前為外朝三殿左文華右武英後為內廷三殿左右各六宮後為乾清宮東西五所東
路奉先殿與西路養心殿之地位相當仁壽宮相當與咸安宮慈慶宮則相當與慈寧宮後經清代改建東西始漸趨
參差讀本圖可見北京宮闕之本來面目本圖係根據劉若愚酌中志作成惟慈慶宮一部則改按悫書及春明夢餘
錄以其記載較詳故也　又本圖原稿八一三抗日之役毀於戰火此圖係三十五年十一月重繪
50 0 100 200 300公尺

宫禁图（明）

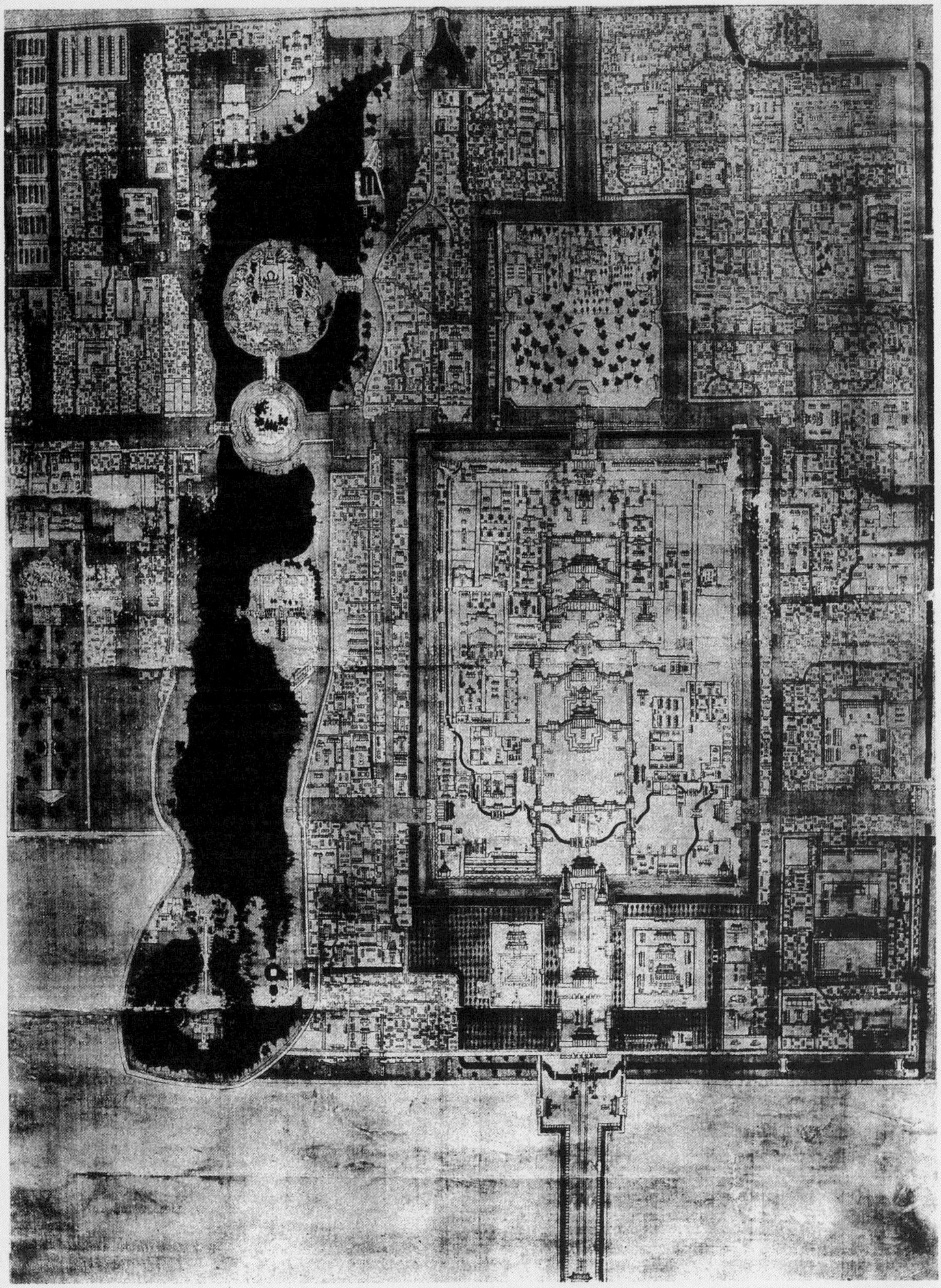

皇城宫殿衙署图（清）

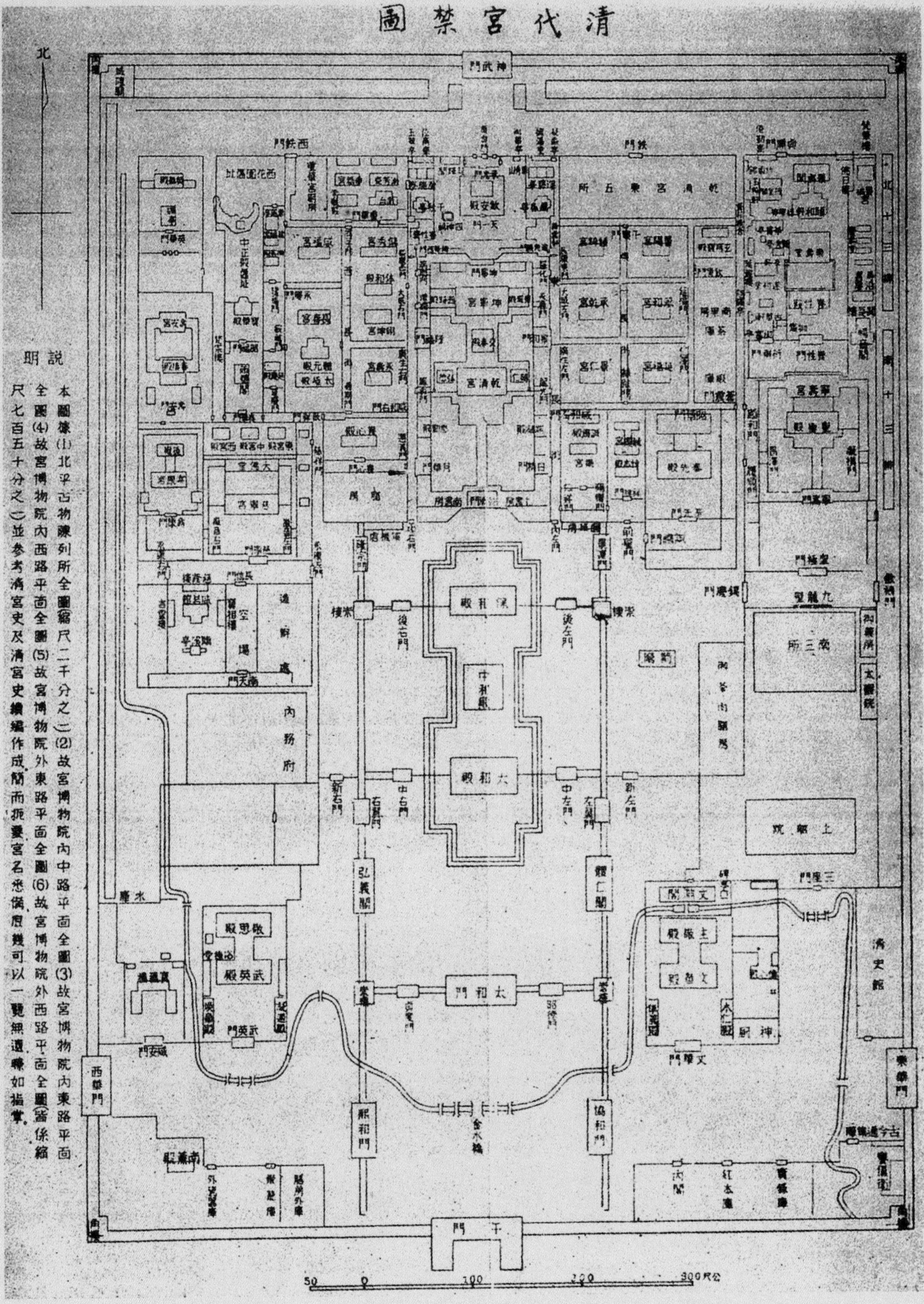
清代宮禁圖
說明
本圖據(1)北平古物陳列所全圖縮尺二千分之一(2)故宮博物院內中路平面全圖(3)故宮博物院內東路平面全圖(4)故宮博物院內西路平面全圖(5)故宮博物院外東路平面全圖(6)故宮博物院外西路平面全圖皆係縮尺七百五十分之一並參考清宮史及清宮史續編作成簡而扼要宮名悉備庶幾可以一覽無遺瞭如指掌
北
神武門
午門
西華門
東華門
保和殿
中和殿
太和殿
太和門
乾清宮
坤寧宮
內務府
武英殿
文華殿
弘義閣
體仁閣
熙和門
協和門
金水橋
南三所
清史館
50 0 100 200 300公尺

宫禁图（清）

北京故宫三大殿鸟瞰

北京故宫太和殿（清）

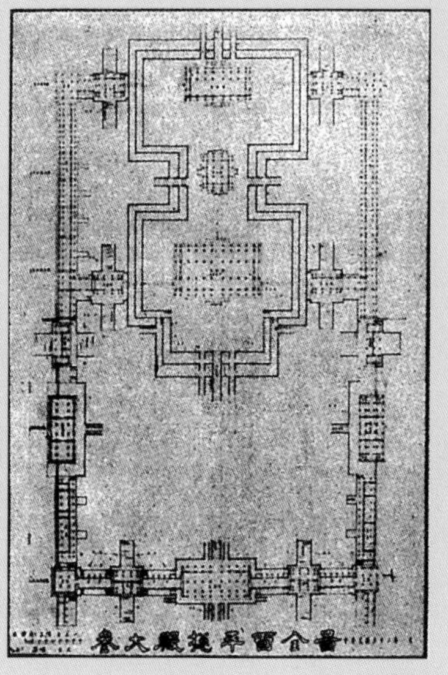
北京故宫外庭平面图（清）

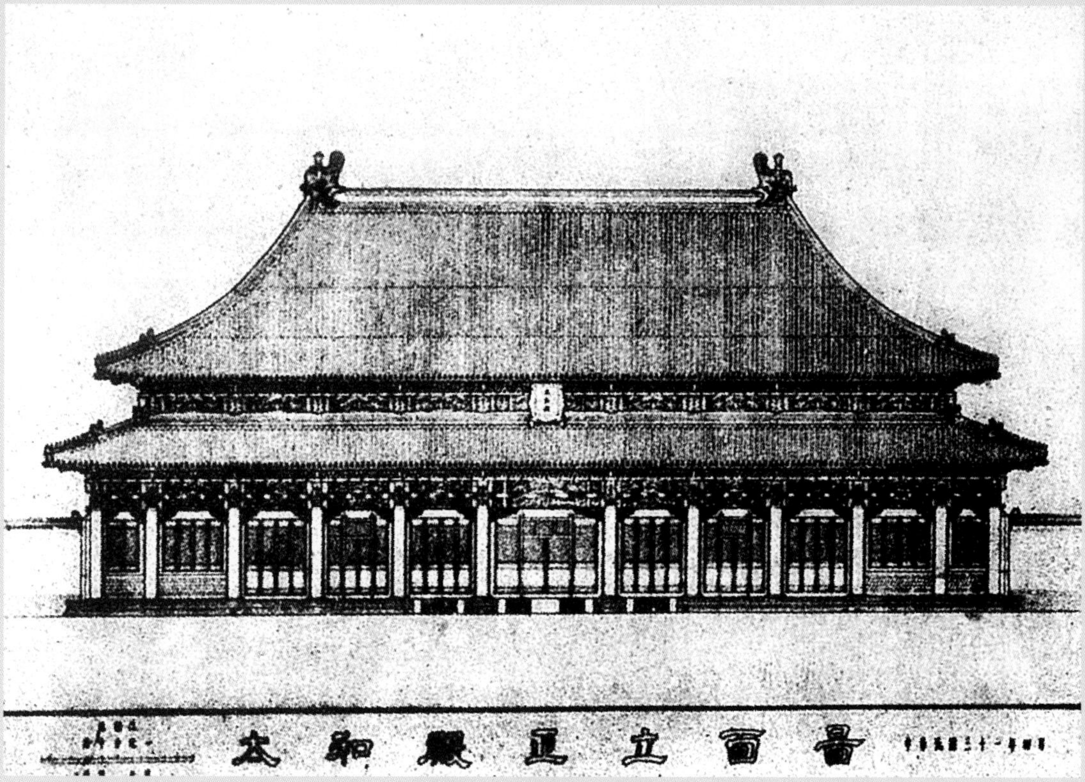

北京故宫太和殿正立面图（清）

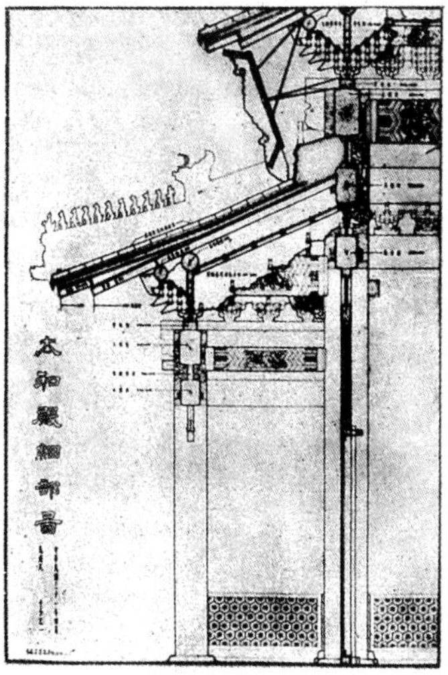

太和殿细部图（清）

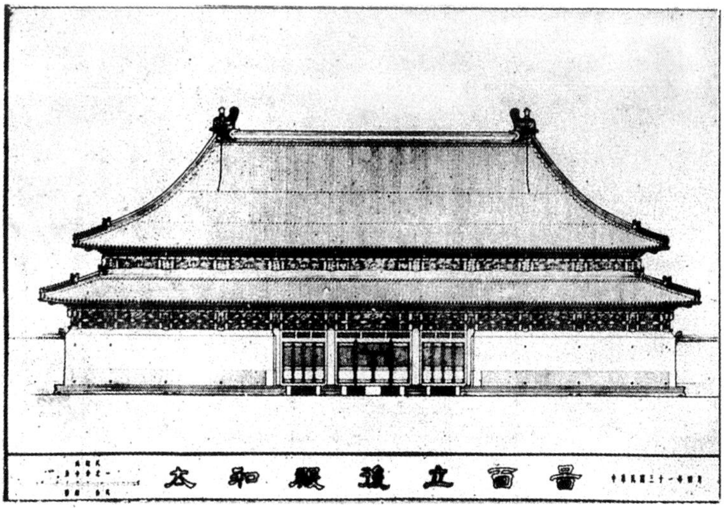

太和殿后立面图（清）

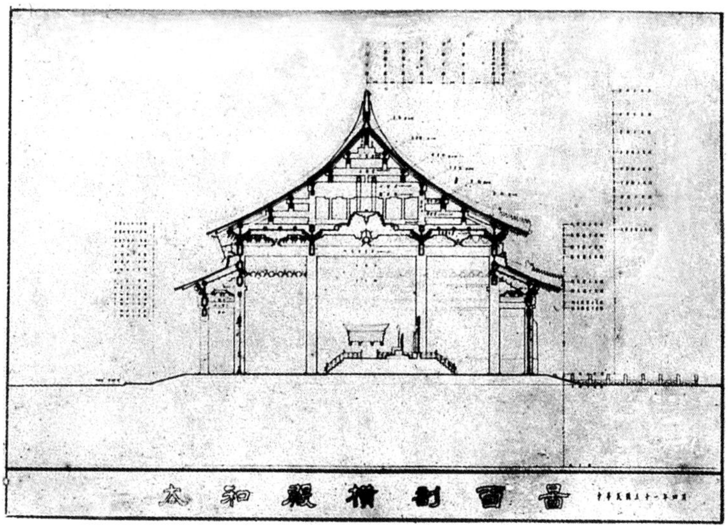

太和殿横剖面图（清）

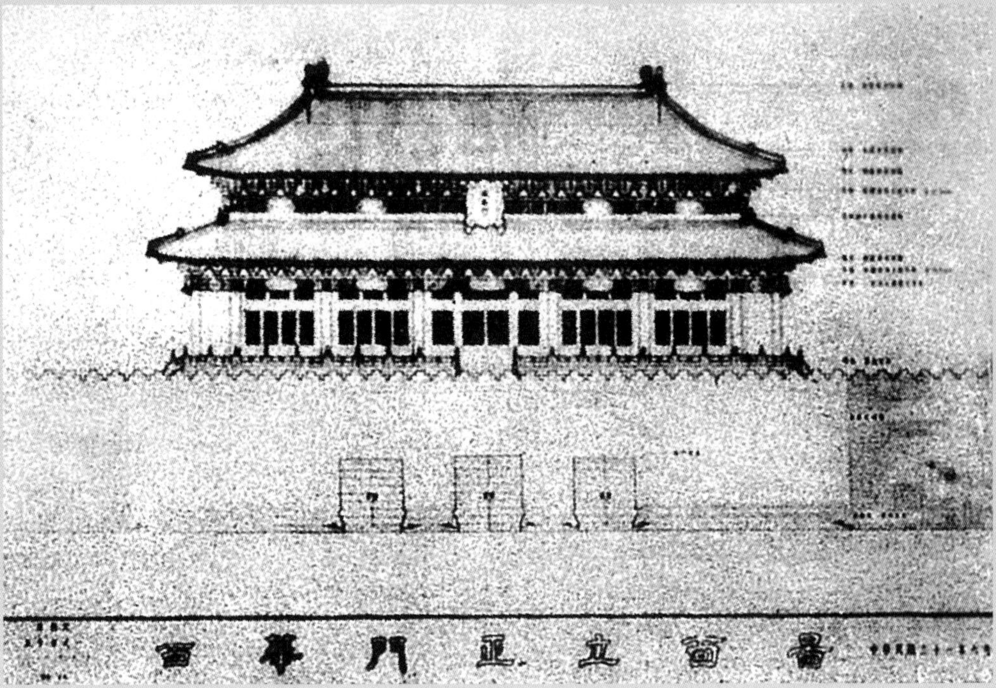

北京故宫西华门立面图

北京颐和园佛香阁

北京故宫角楼

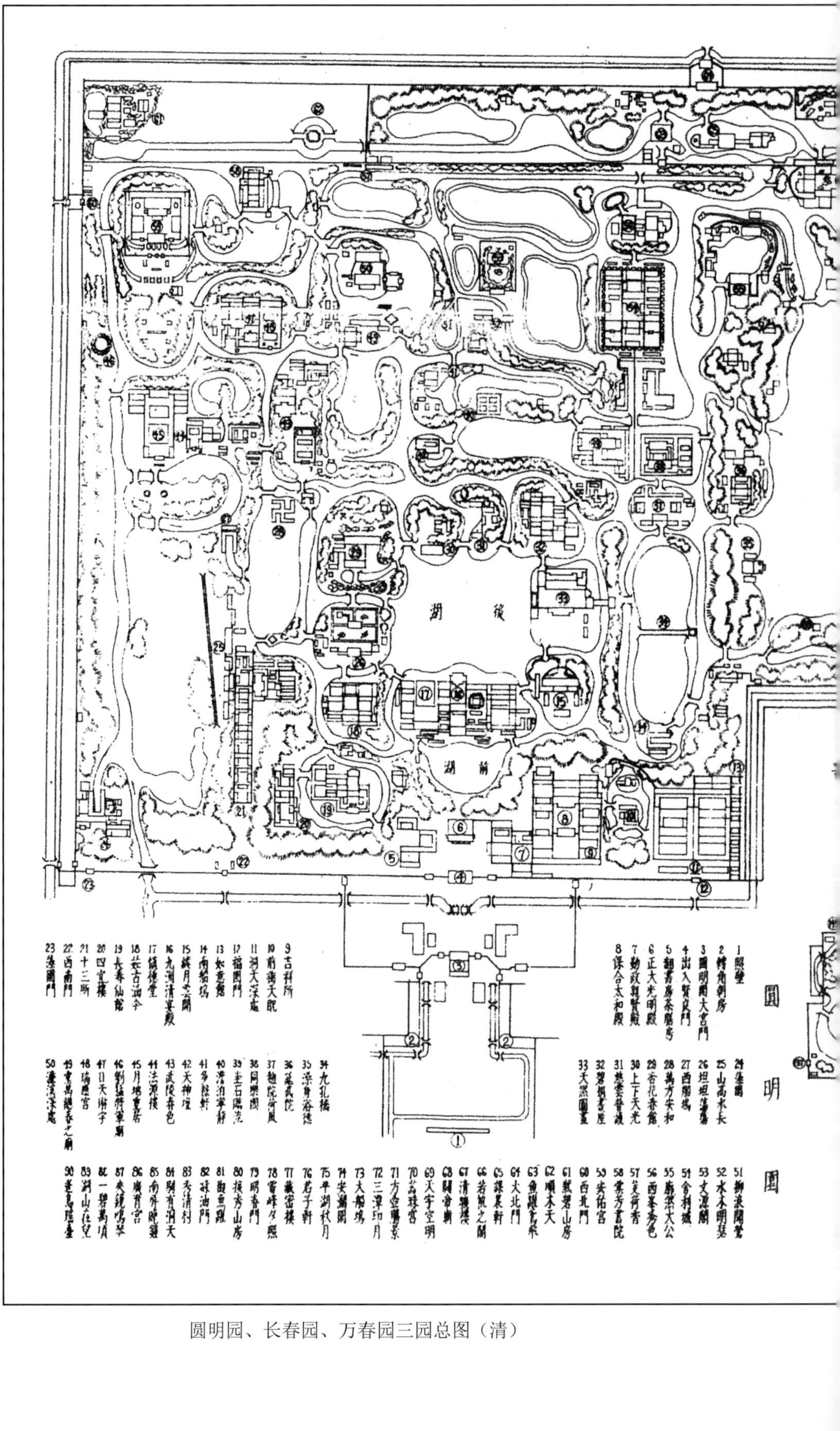
後湖
前湖
圓明園
1 照壁
2 轉角朝房
3 圓明園大宮門
4 出入賢良門
5 翻書房茶膳房
6 正大光明殿
7 勤政親賢殿
8 保合太和殿
9 吉祥所
10 前垂天貺
11 洞天深處
12 福園門
13 如意館
14 南船塢
15 鏤月開雲
16 九洲清晏殿
17 鏡徳堂
18 茹古涵今
19 長春仙館
20 四宜書屋
21 十三所
22 西南門
23 藻園門
24 藻園
25 山高水長
26 坦坦蕩蕩
27 西船塢
28 萬方安和
29 杏花春館
30 上下天光
31 慈雲普護
32 碧桐書屋
33 天然圖畫
34 九孔橋
35 澡身浴德
36 蓬萊院
37 曲院風荷
38 同樂園
39 坐石臨流
40 澹泊寧靜
41 多稼軒
42 天神壇
43 武陵春色
44 法源樓
45 月地雲居
46 劉猛將軍廟
47 日天琳宇
48 瑞應宮
49 魚萬物吉之廟
50 濂溪深處
51 柳浪聞鶯
52 水木明瑟
53 文源閣
54 舍利城
55 廓然大公
56 西峯秀色
57 芰荷香
58 紫芳書院
59 安佑宮
60 西北門
61 紫碧山房
62 順木天
63 魚躍鳶飛
64 大北門
65 課農軒
66 若帆之閣
67 清曠樓
68 關帝廟
69 天宇空明
70 蕊珠宮
71 方壺勝景
72 三潭印月
73 大船塢
74 安瀾園
75 平湖秋月
76 君子軒
77 藏密樓
78 雷峰夕照
79 明春門
80 接秀山房
81 觀魚躍
82 寸油門
83 秀清村
84 別有洞天
85 南屏晚鐘
86 廣育宮
87 夾鏡鳴琴
88 一碧萬頃
89 湖山在望
90 蓬島瑤臺

圆明园、长春园、万春园三园总图（清）

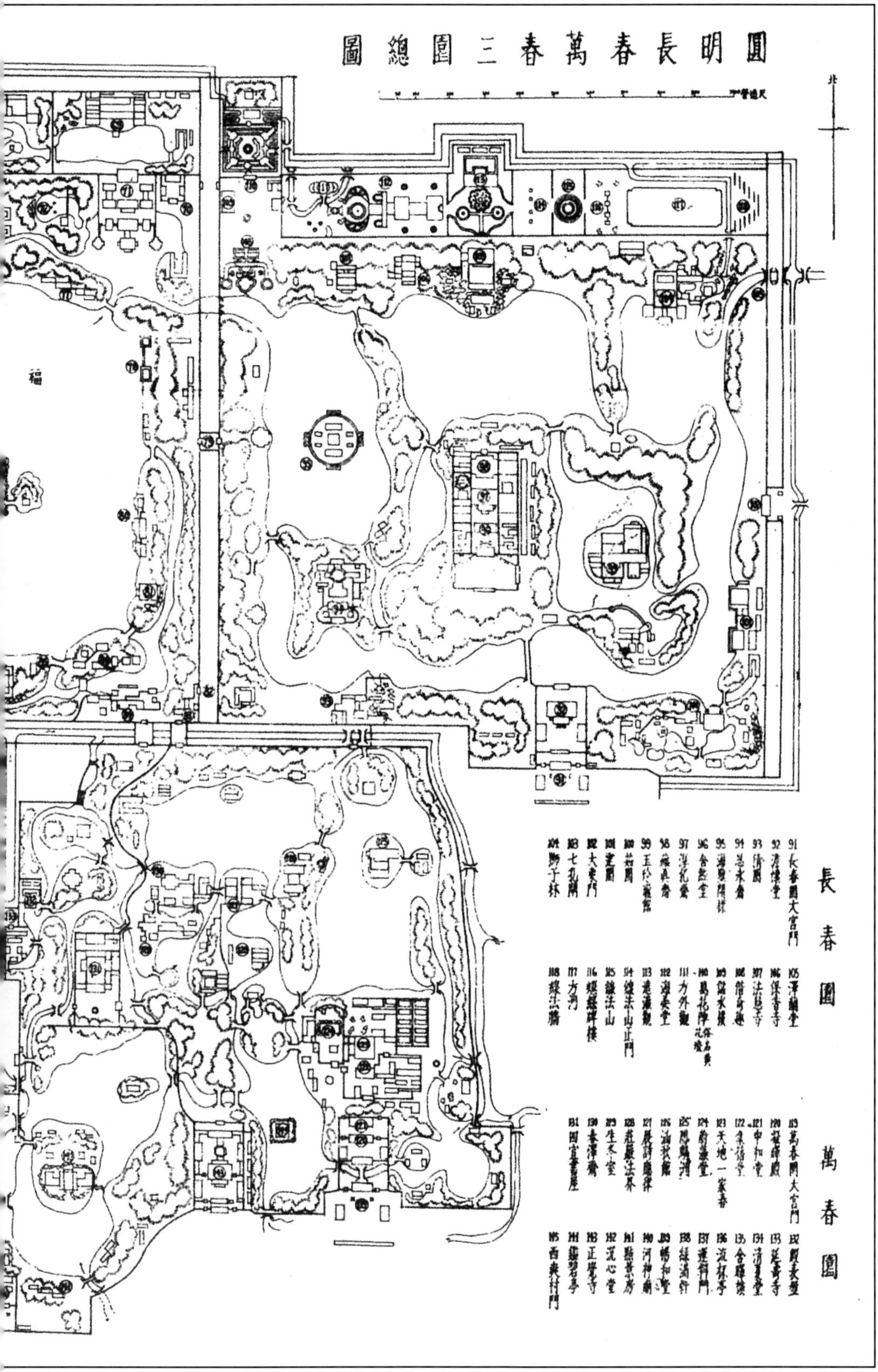
圓明長春萬春三園總圖
北
福
長春園
91 長春園大宮門
92 澹懷堂
93 倩園
94 思永齋
95 海岳開襟
96 含經堂
97 淳化軒
98 蘊真齋
99 玉玲瓏館
100 茹園
101 鑑園
102 大東門
103 七孔閘
104 獅子林
105 澤蘭堂
106 保香寺
107 法慧寺
108 諧奇趣
109 儲水樓
110 萬花陣
111 方外觀
112 海晏堂
113 遠瀛觀
114 線法山正門
115 線法山
116 螺螄牌樓
117 方河
118 線法牆
萬春園
119 萬春園大宮門
120 迎暉殿
121 中和堂
122 集禧堂
123 天地一家春
124 蔚藻堂
125 鳳麟洲
126 涵秋館
127 展詩應律
128 莊嚴法界
129 生冬室
130 春澤齋
131 四宜書屋
132 敷春堂
133 延壽寺
134 清夏堂
135 含暉樓
136 流杯亭
137 運料門
138 綠滿軒
139 暢和堂
140 河神廟
141 點景房
142 澄心堂
143 正覺寺
144 鑑碧亭
145 西爽村門

北京长春园海晏堂（清）

晏堂西面十

九、寺庙

陕西西安大雁塔门楣石雕刻（唐初）

山西五台山佛光寺大殿（唐末）

佛光寺大殿内部（唐末）

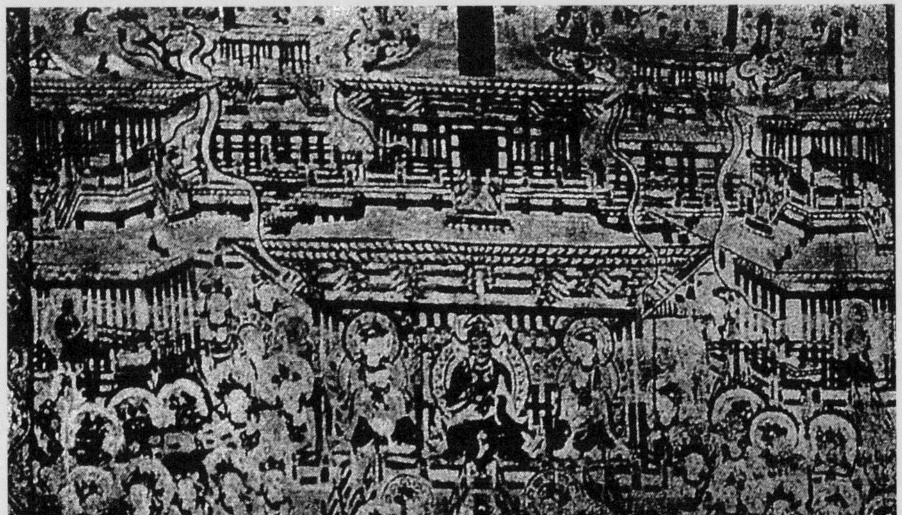

甘肃敦煌千佛洞壁画中之建筑（五代）

天津独乐寺观音阁（辽）

独乐寺观音阁内部（辽）

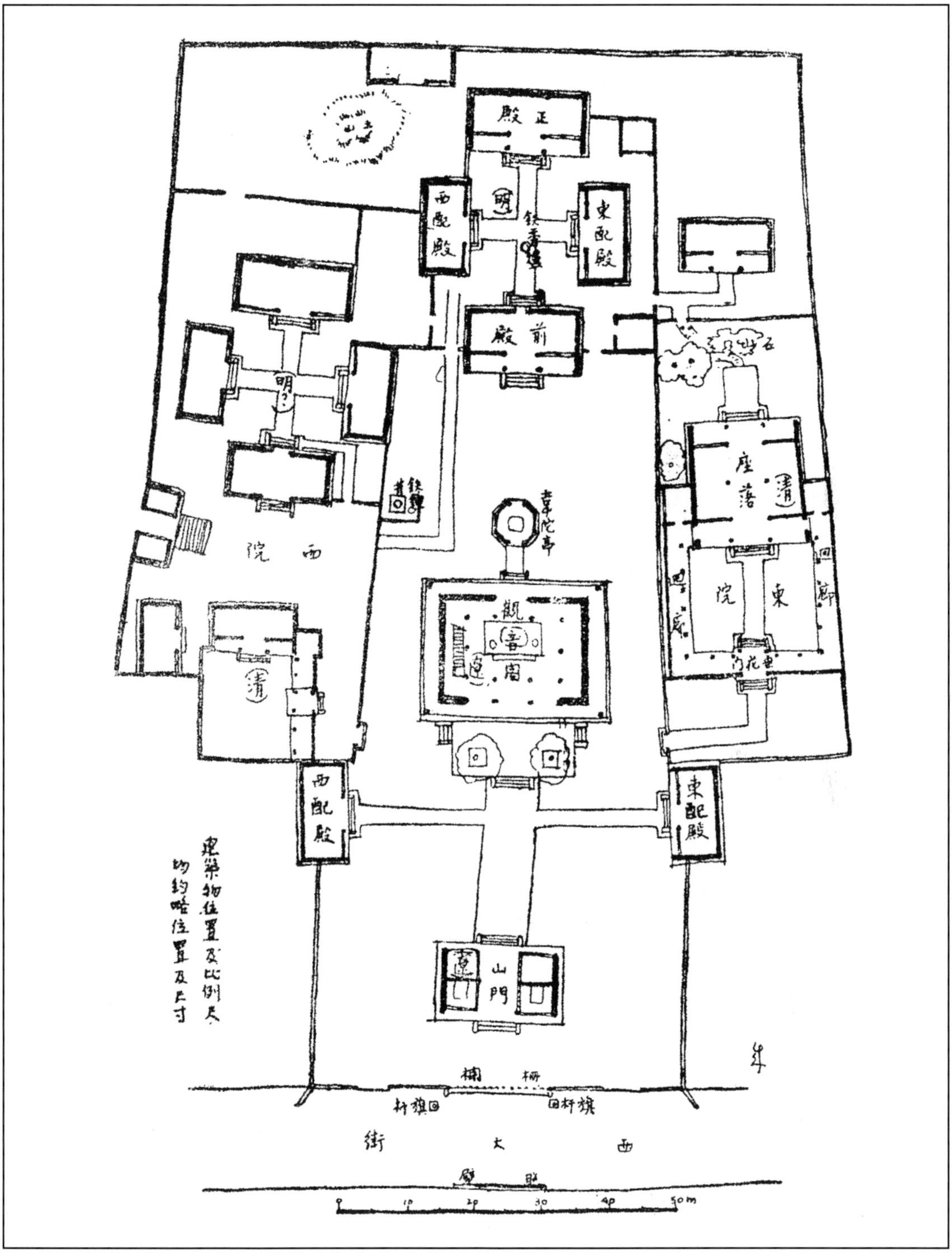

独乐寺伽蓝配置略图

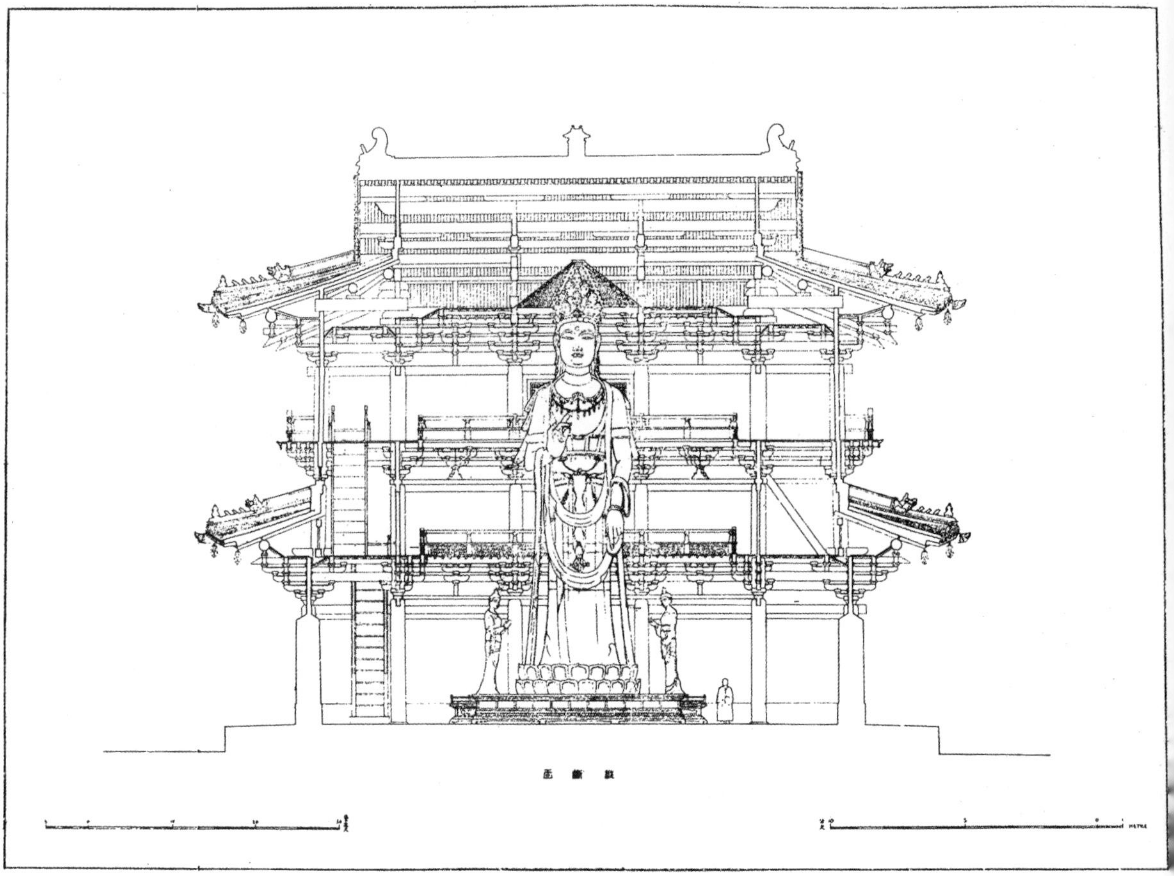

独乐寺观音阁纵断面图（辽）

独乐寺观音阁模型

天津独乐寺山门（辽）

河北正定隆兴寺摩尼殿（宋）

山西太原晋祠圣母殿献殿（宋）

山西太谷资福寺藏经楼（元）

河南登封中岳庙平面图（金初叶）

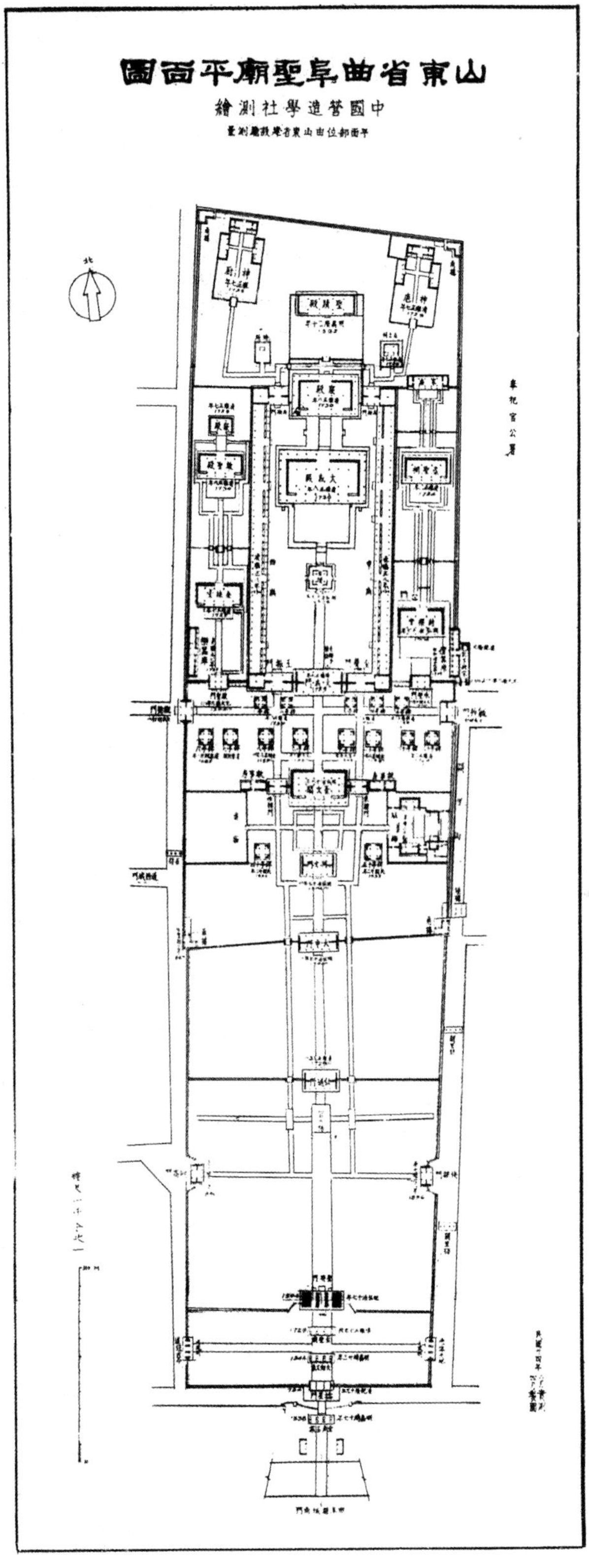

山东曲阜圣庙平面图

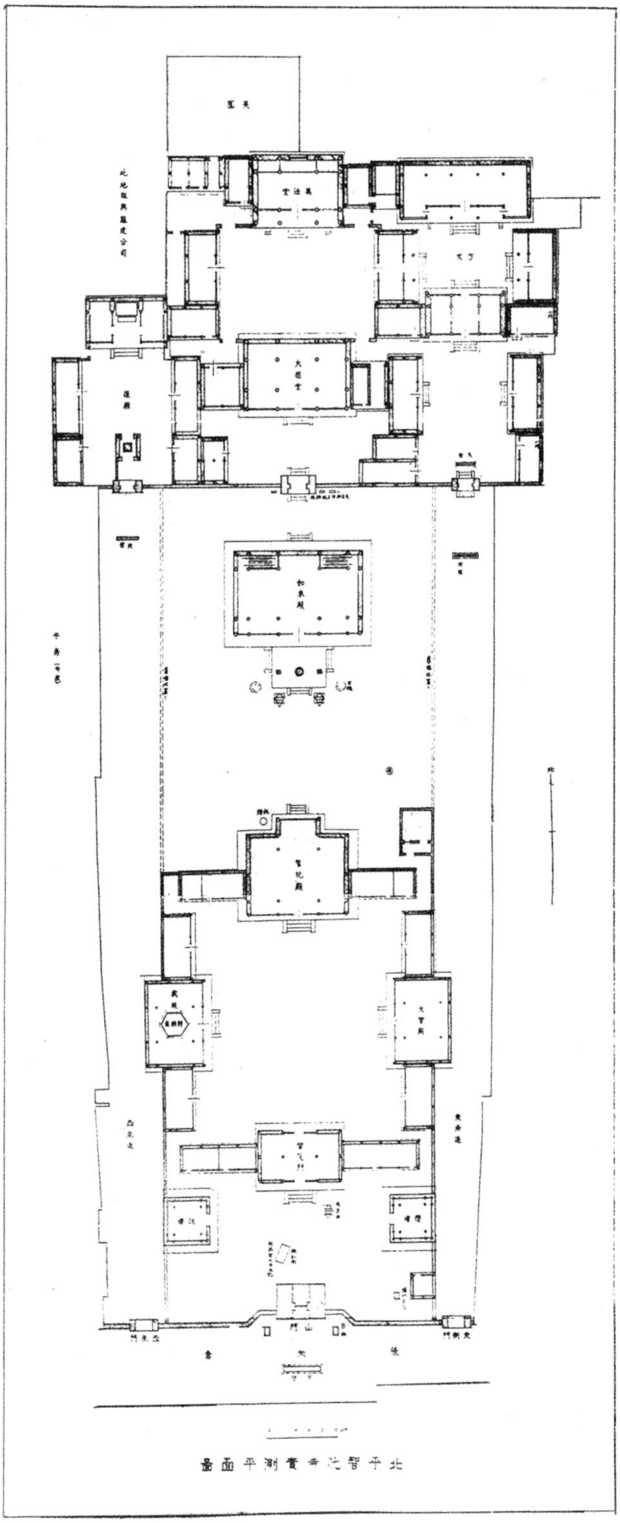

北京智化寺实测平面图

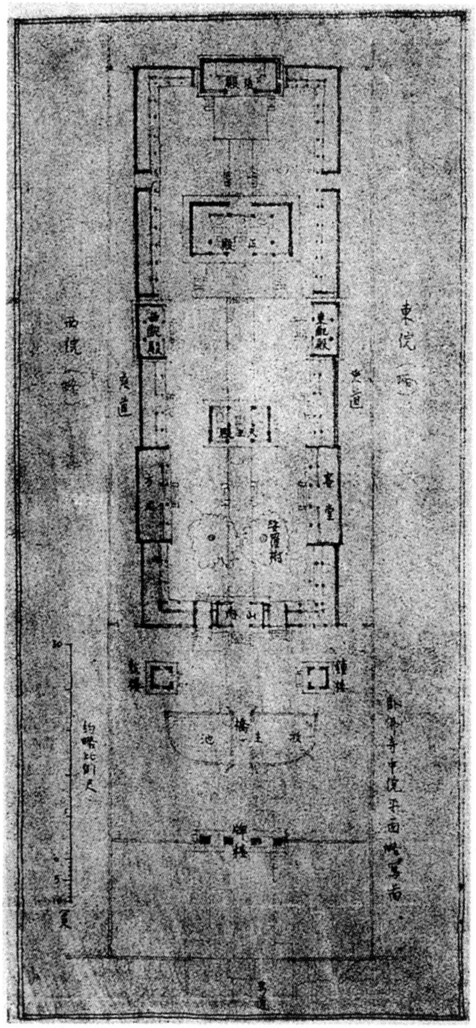

北京卧佛寺中院平面略写图

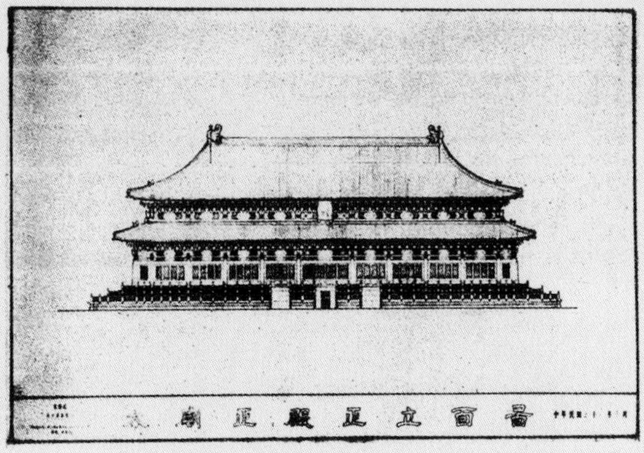

北京太庙正殿立面图（明）

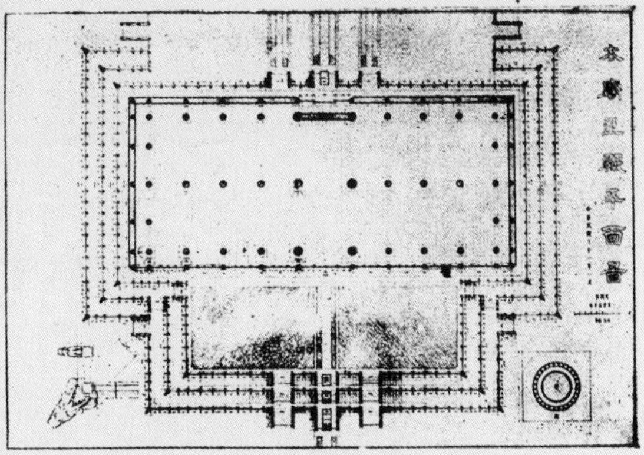

北京太庙正殿平面图（明）

山东曲阜孔庙大成殿（明清）

山东曲阜孔庙大成殿石柱（明）

陕西西安学习巷清真寺大殿内部（明）

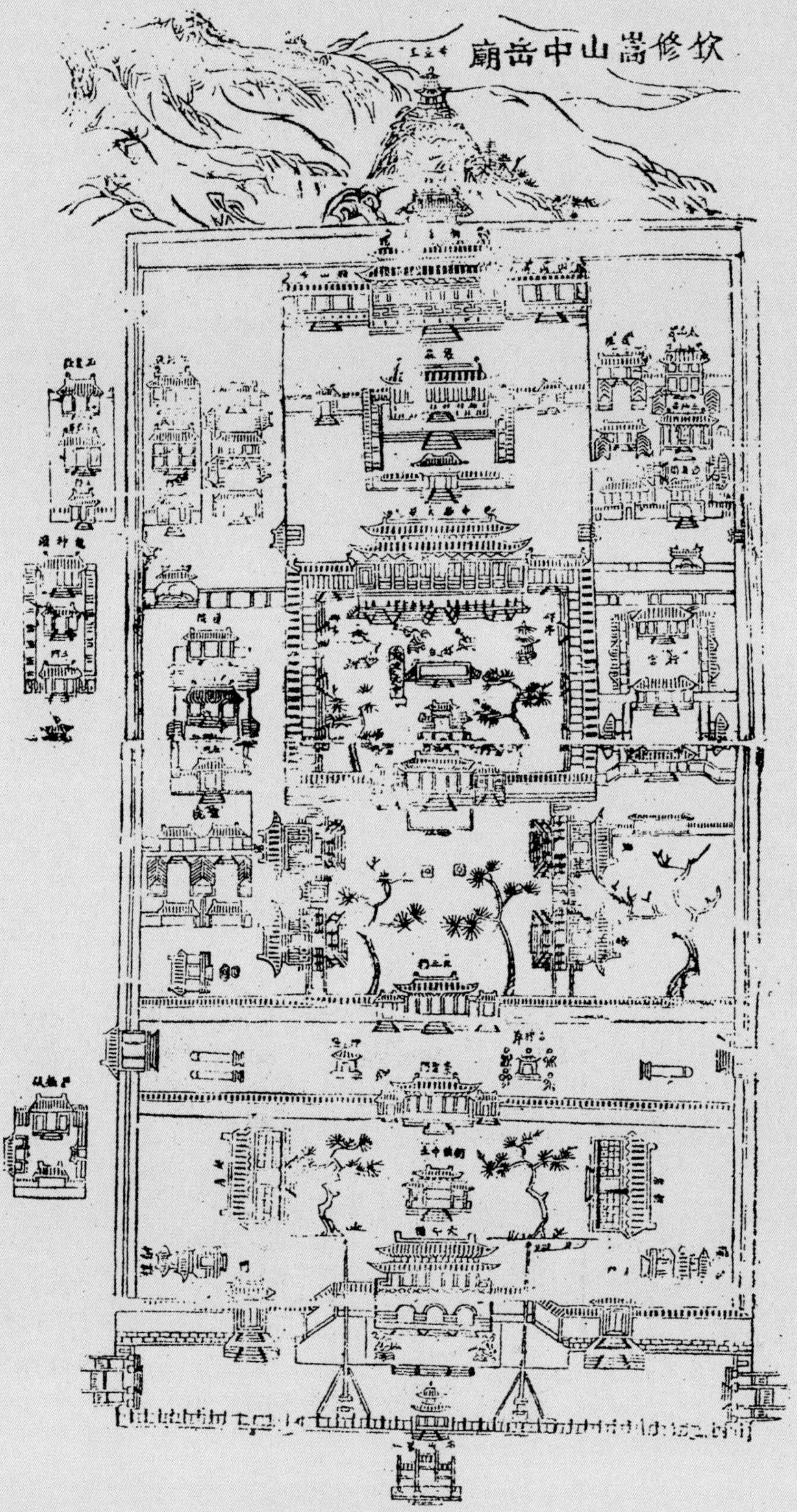

中岳庙平面图（清中叶）

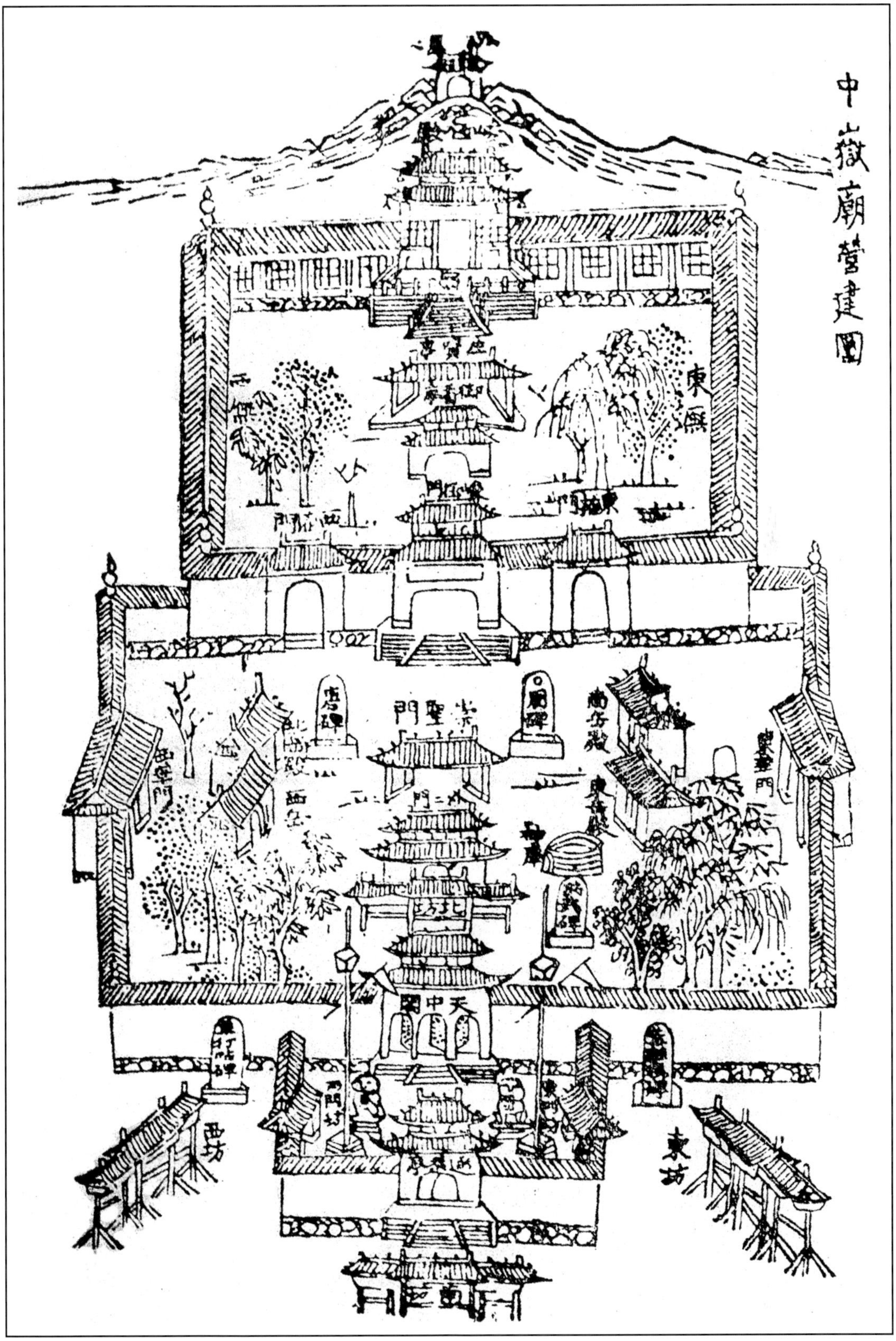

中岳庙平面图（清初）

北京天坛鸟瞰

北京天坛祈年殿

十、陵墓

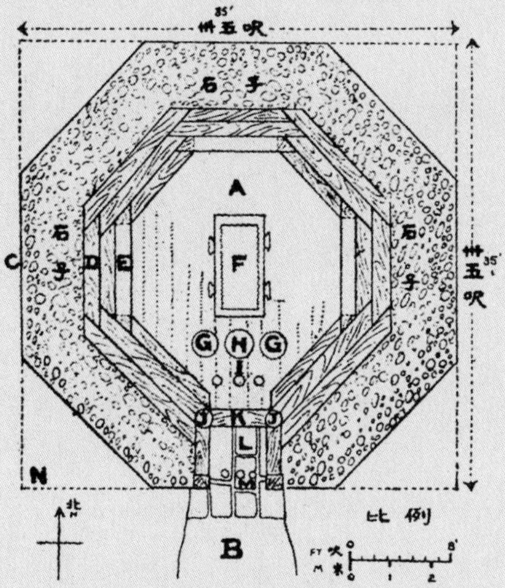

河南洛阳韩君墓平面图（周末）

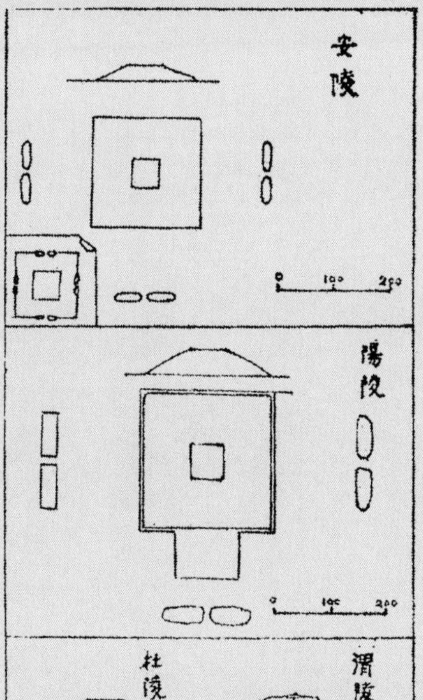

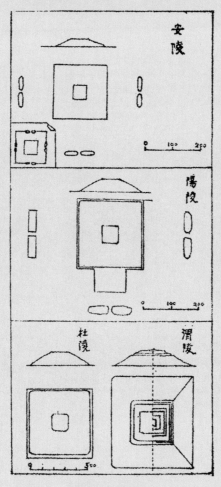

西汉诸陵平面图

陕西西安渭陵（西汉）

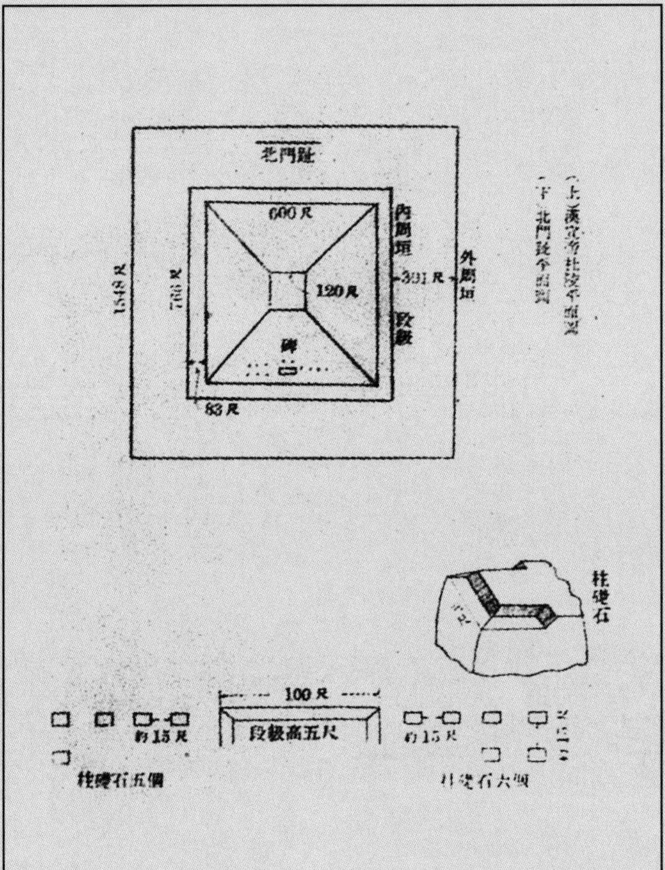

陕西西安杜陵平面图（西汉）

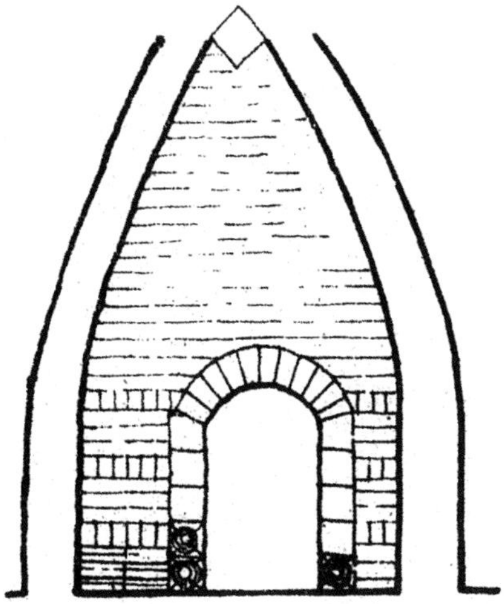

辽东刁家屯之墓门（汉）

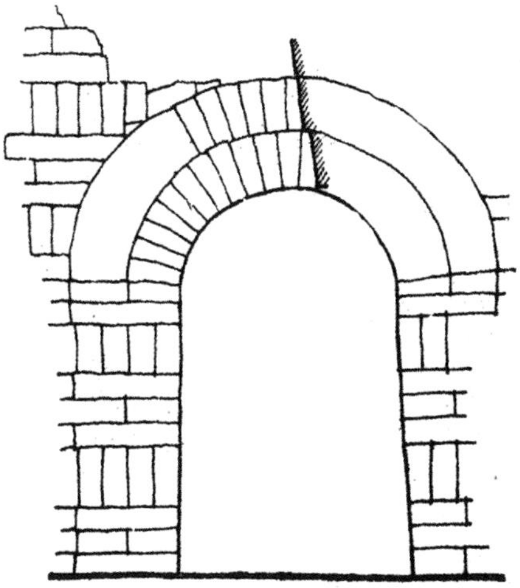

辽东南山里第四号墓门（汉）

辽东营城子第一号墓门（汉）

辽东营城子第一号墓门（汉）

河南洛阳空心砖墓（东汉）

四川宜宾黄伞溪崖墓（汉）

山东曲阜鲁王墓石像（东汉）

山东肥城孝堂山墓祠（东汉）

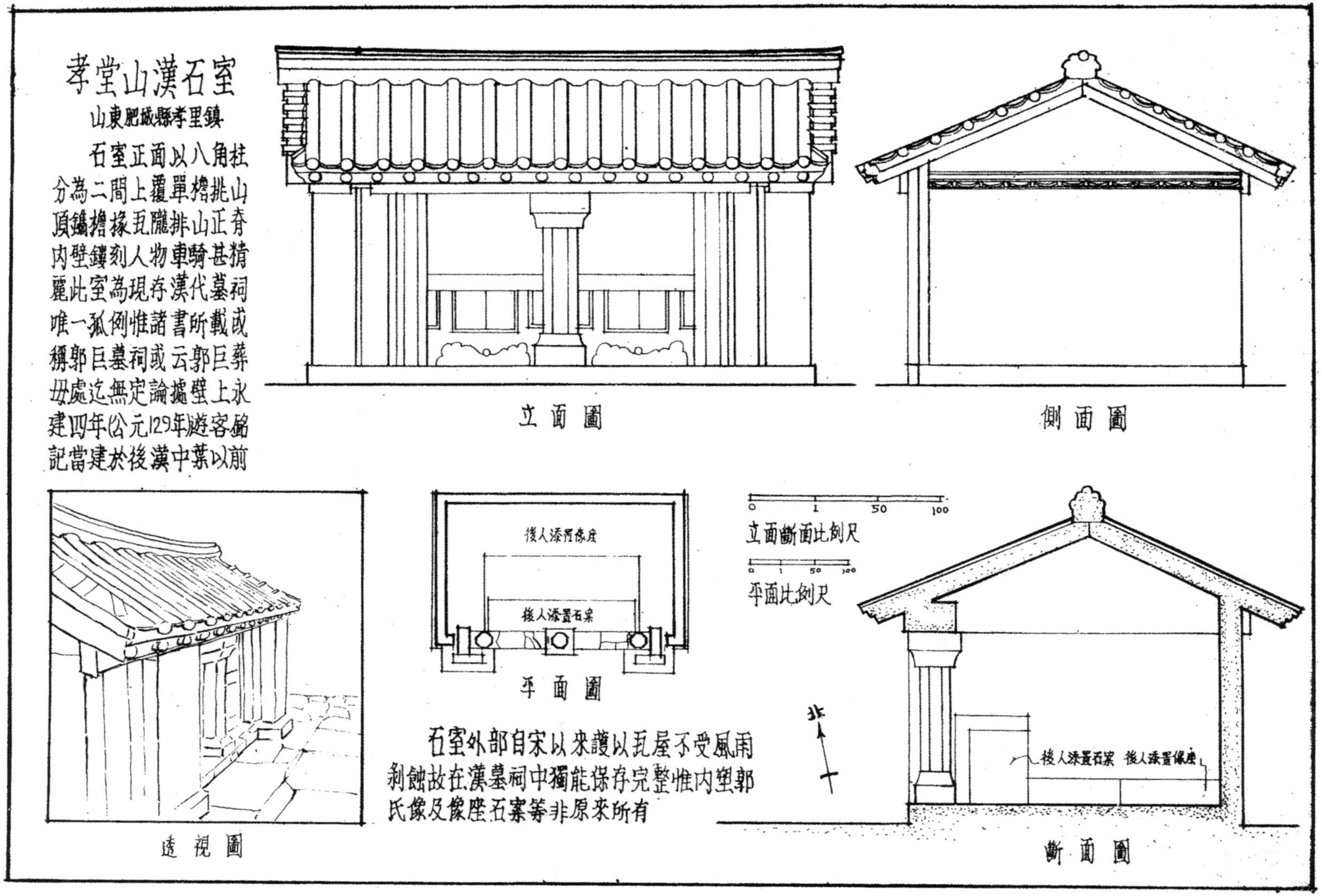
孝堂山漢石室
山東肥城縣孝里鎮
石室正面以八角柱分為二間上覆單檐挑山頂鐫檐椽瓦隴排山正脊內壁鏤刻人物車騎甚精麗此室為現存漢代墓祠唯一孤例惟諸書所載或稱郭巨墓祠或云郭巨葬母處迄無定論據壁上永建四年(公元129年)遊客鐫記當建於後漢中葉以前
立面圖
側面圖
後人添置像座
後人添置石案
平面圖
立面斷面比例尺
平面比例尺
北
石室外部自宋以來護以瓦屋不受風雨剝蝕故在漢墓祠中獨能保存完整惟內塑郭氏像及像座石案等非原來所有
透視圖
後人添置石案
後人添置像座
斷面圖

山东肥城孝堂山石室（东汉）

四川墓砖上雕刻之阙（汉）

河南登封少室祠石阙（东汉）

河南登封太室祠石阙（东汉）

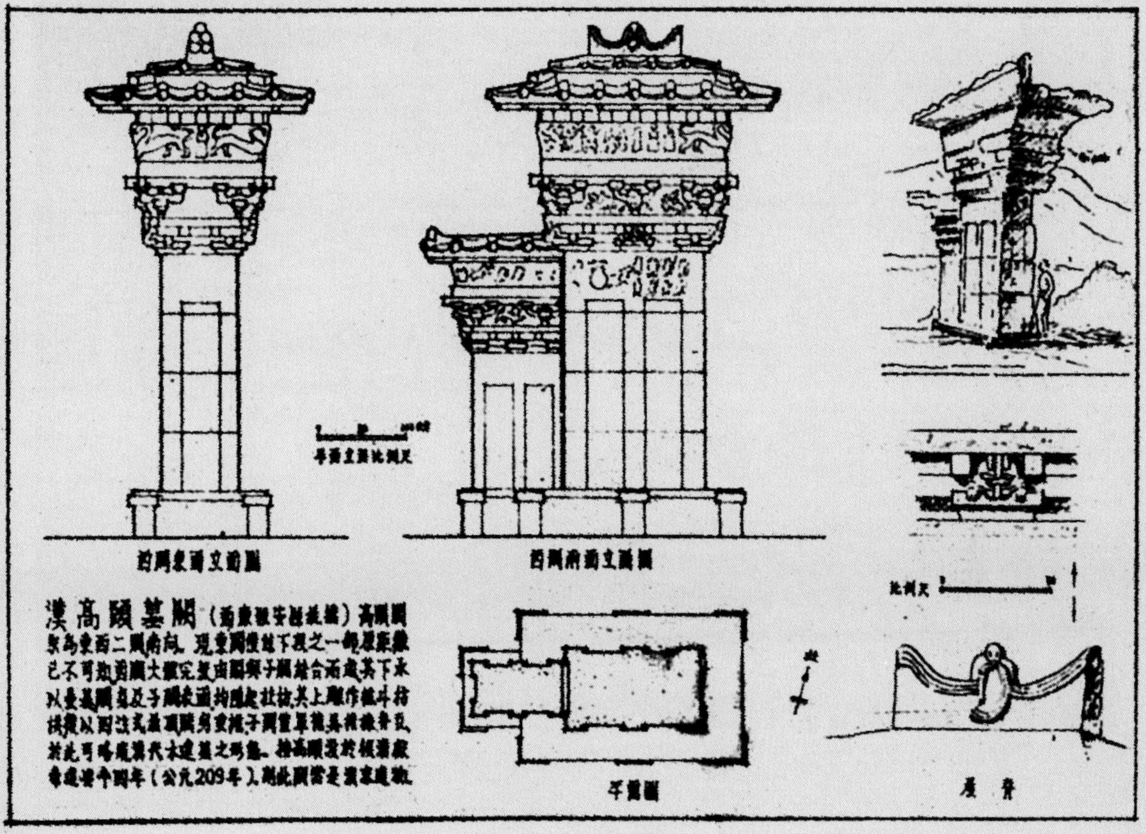

西康雅安高颐墓阙（东汉）

西康[1]雅安高颐墓阙详部（东汉）

西康雅安高颐墓阙（东汉）

四川绵阳平阳府君墓阙（东汉）

1. [整理者注] 1955 年 9 月，第一届全国人民代表大会第二次会议决议撤销西康省，并入四川和西藏。

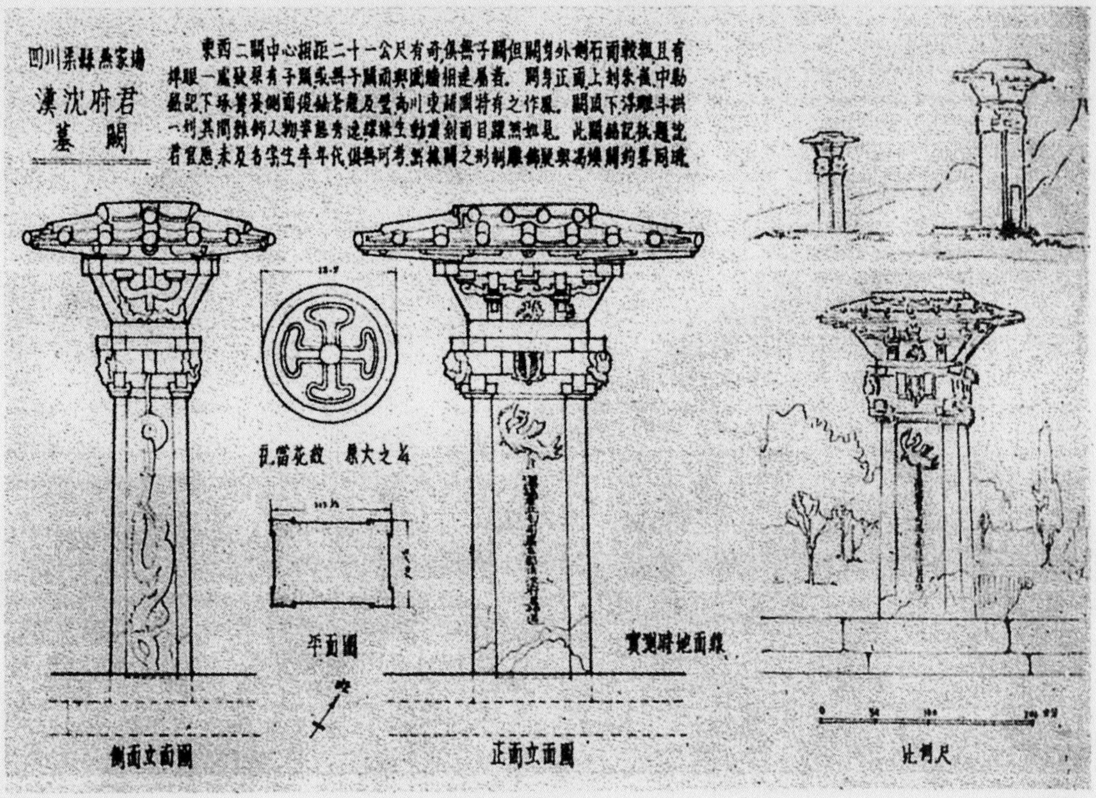

四川渠县沈府君墓阙（东汉）

四川梓潼李业墓阙（东汉）

四川渠县冯焕墓阙（东汉）

四川渠县沈府君墓阙（东汉）

陕西兴平霍去病墓石马（西汉）

陕西咸阳顺陵石兽（唐）

江苏江宁甘家巷肃憺墓石辟邪（梁）

江苏丹阳三姑庙景安陵左麒麟（齐）

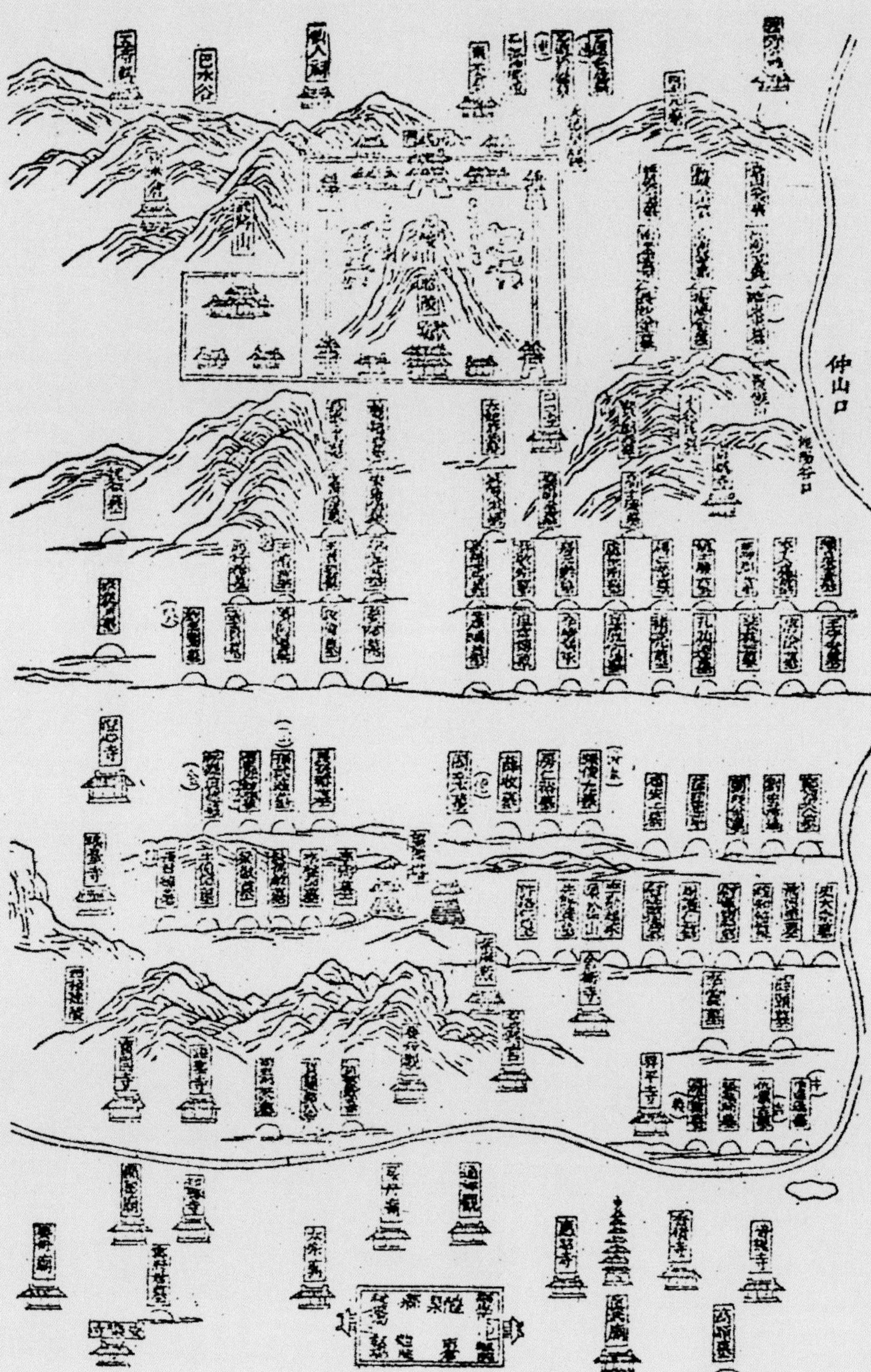

陕西昭陵平面图（唐）

江苏句容石狮干萧绩墓（梁）

江苏江宁西神巷村西萧景墓墓表（梁）

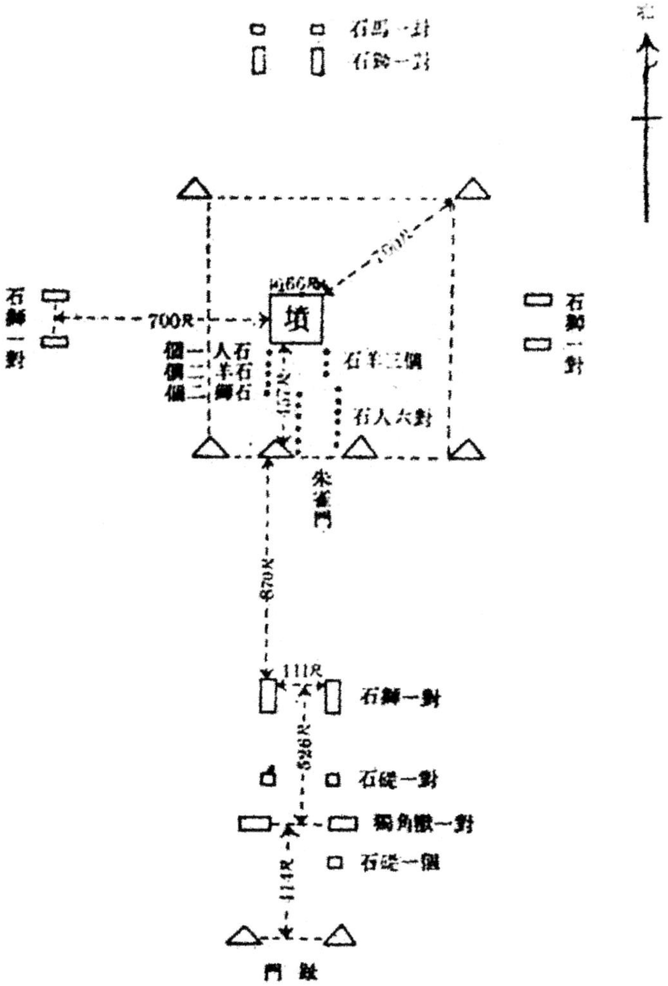

陕西咸阳顺陵平面图（唐）

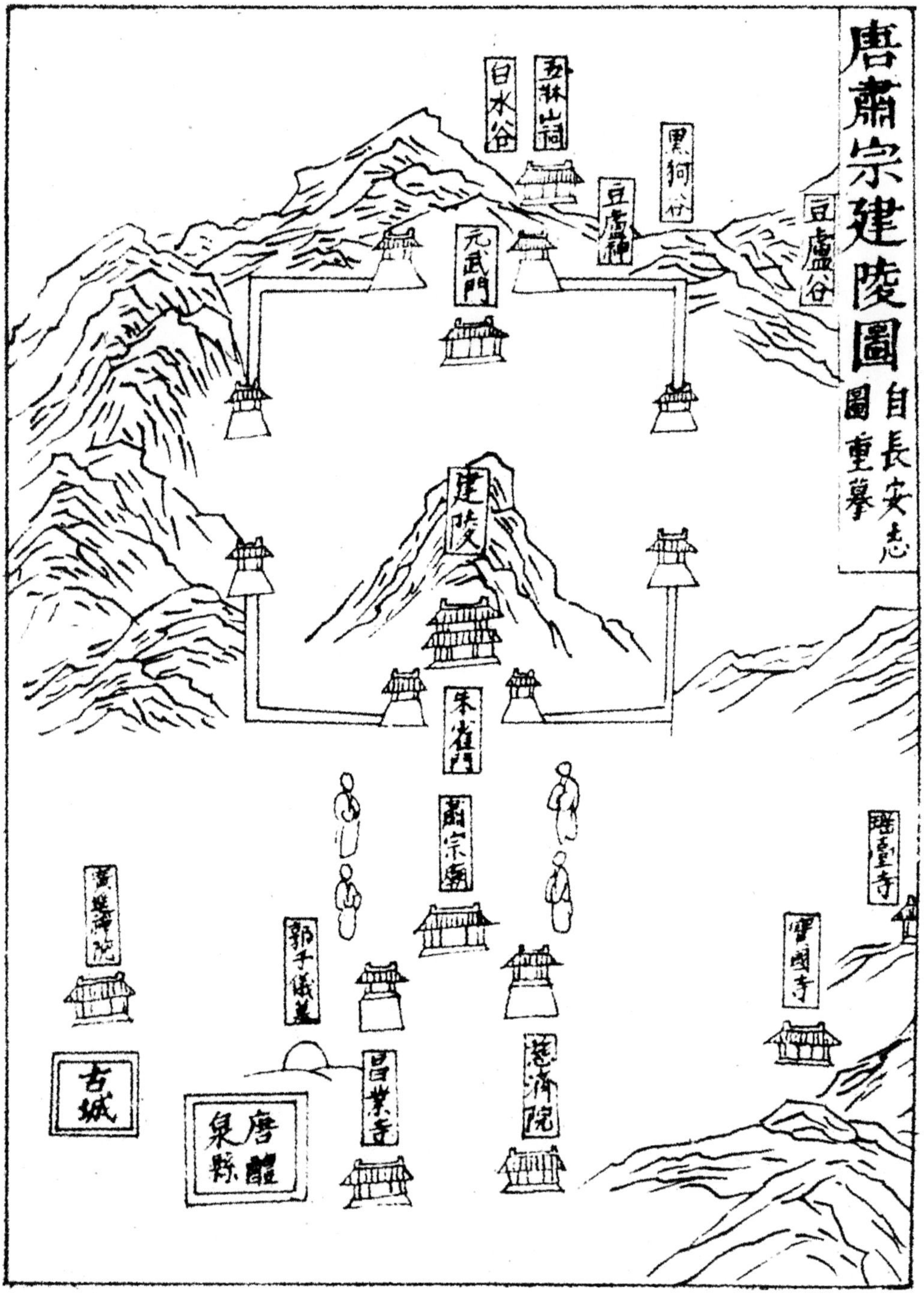

陕西泾阳建陵平面图（唐）

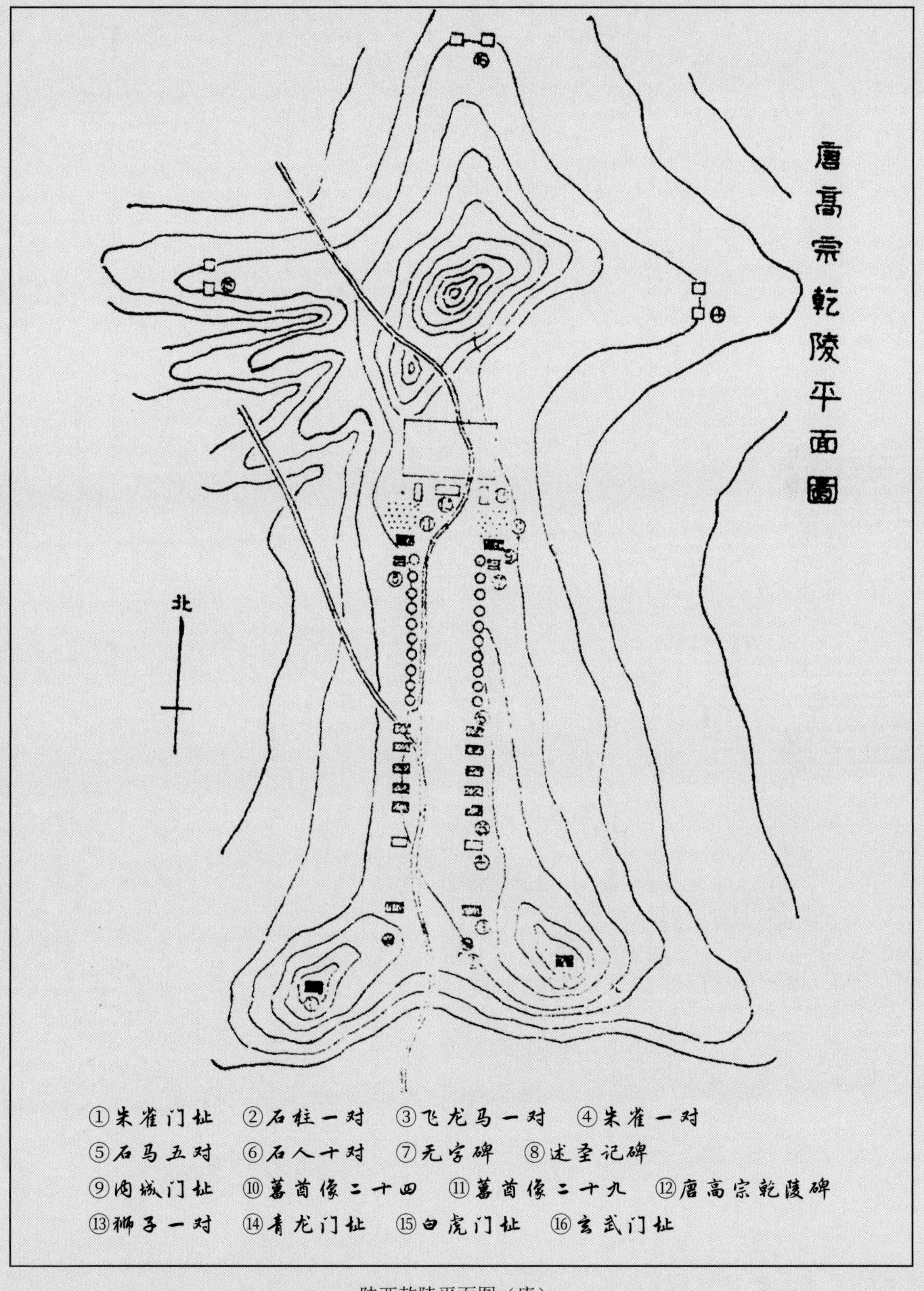
唐高宗乾陵平面圖
北
①朱雀门址 ②石柱一对 ③飞龙马一对 ④朱雀一对
⑤石马五对 ⑥石人十对 ⑦无字碑 ⑧述圣记碑
⑨内城门址 ⑩蕃酋像二十四 ⑪蕃酋像二十九 ⑫唐高宗乾陵碑
⑬狮子一对 ⑭青龙门址 ⑮白虎门址 ⑯玄武门址

陕西乾陵平面图（唐）

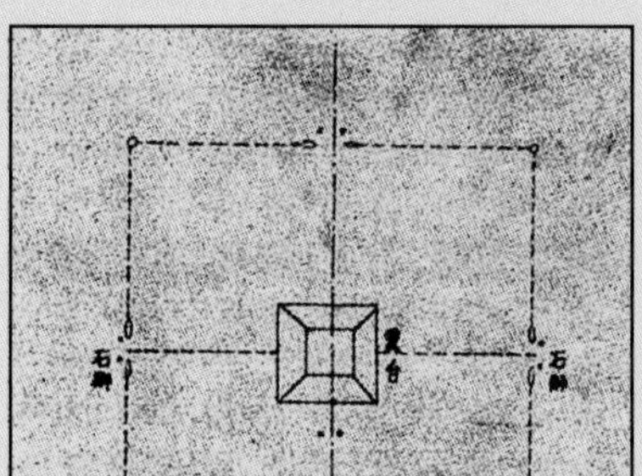

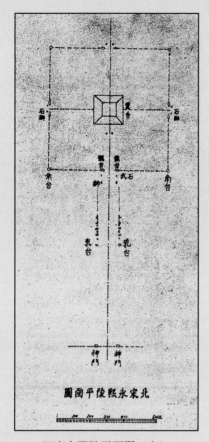

河南永熙陵平面图（宋）

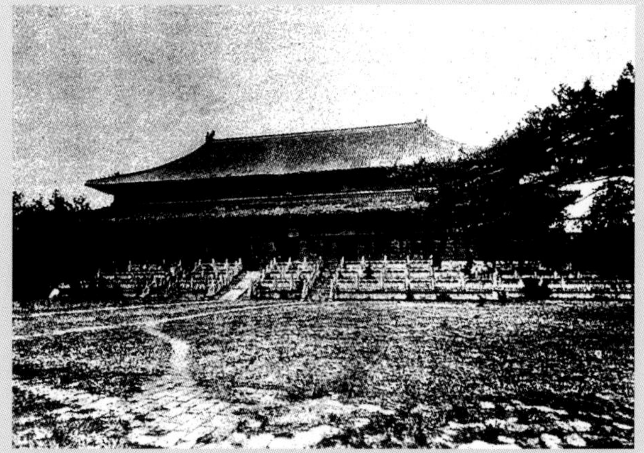

北京昌平长陵祾恩殿（明）

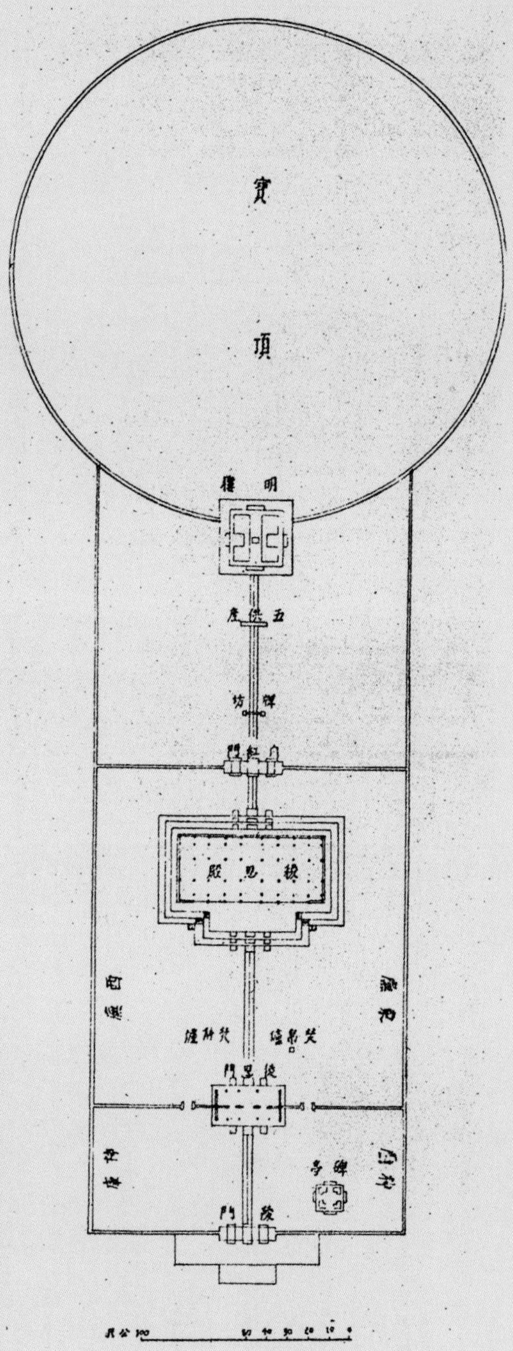

北京昌平长陵平面图（明）

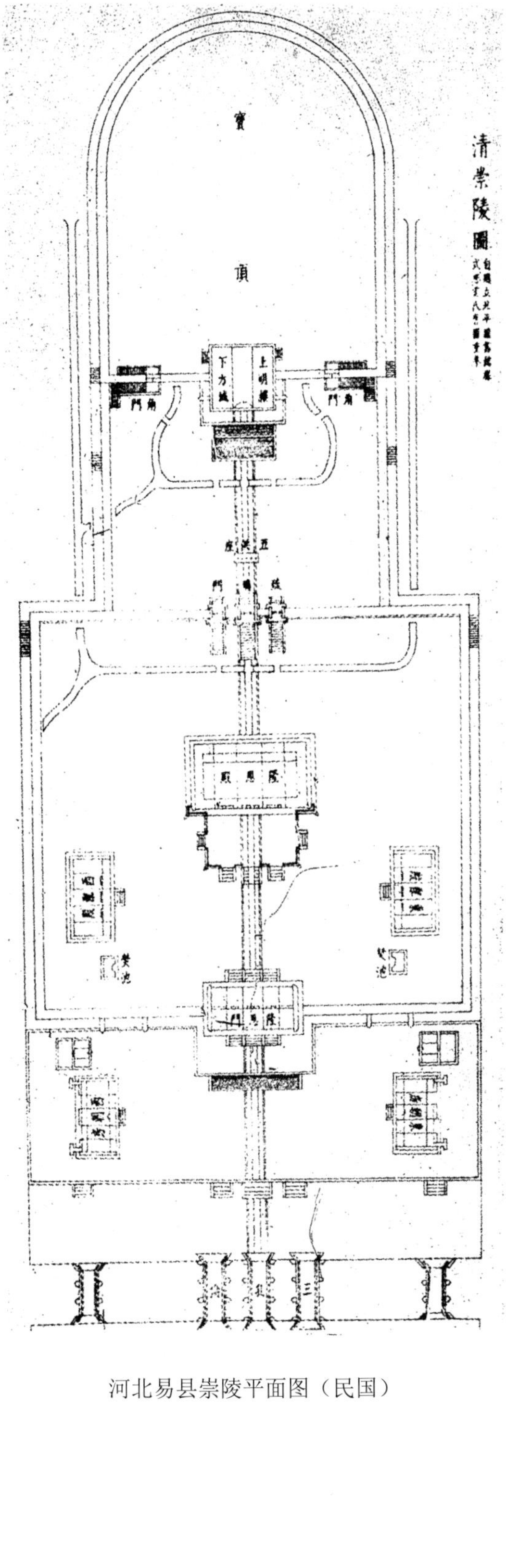

河北易县崇陵平面图（民国）

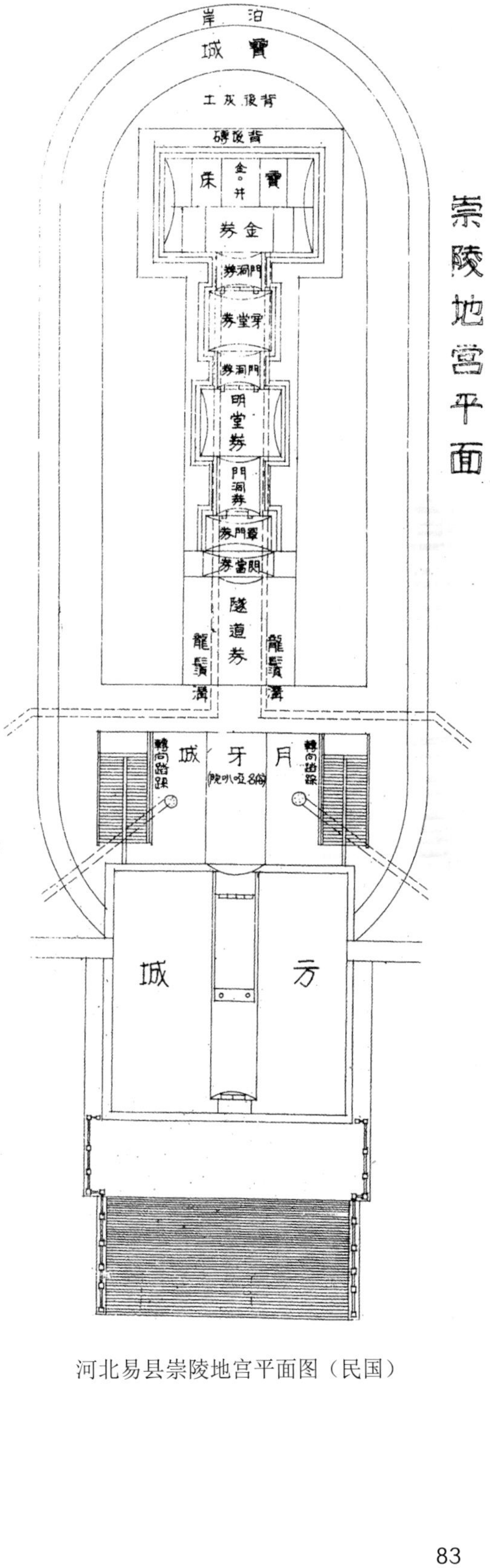

河北易县崇陵地宫平面图（民国）

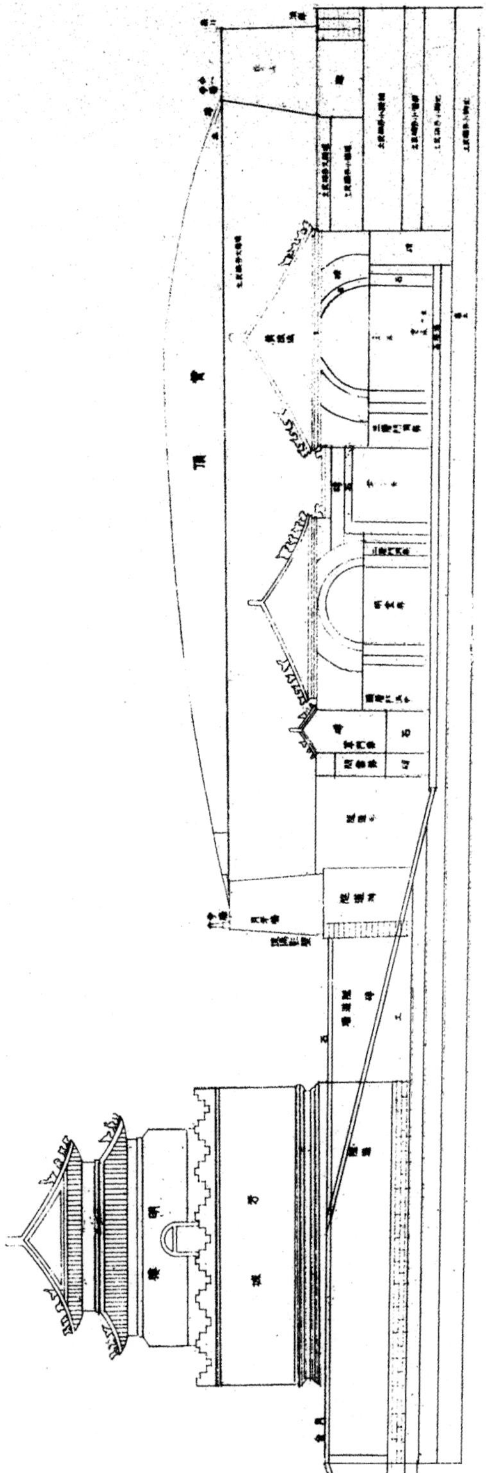

河北易县昌陵地宫剖面图（清）

十一、塔幢（附其他纪念物）

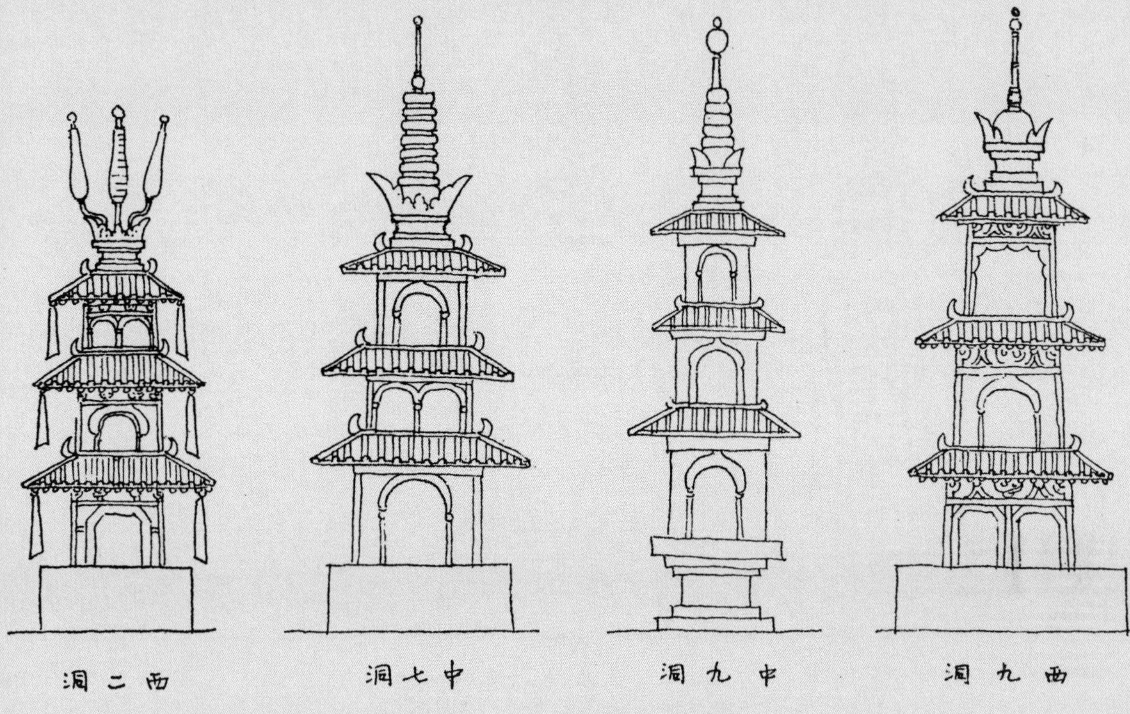

山西大同云冈石窟浮雕三层塔四种

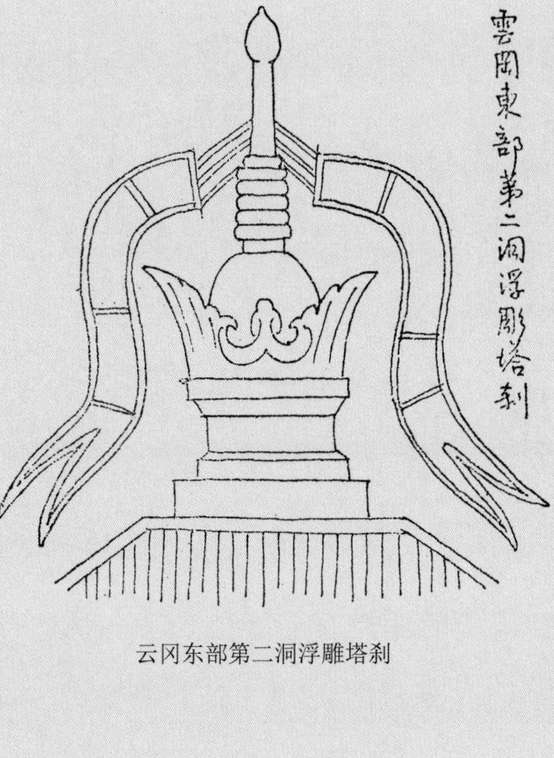

云冈东部第二洞浮雕塔刹

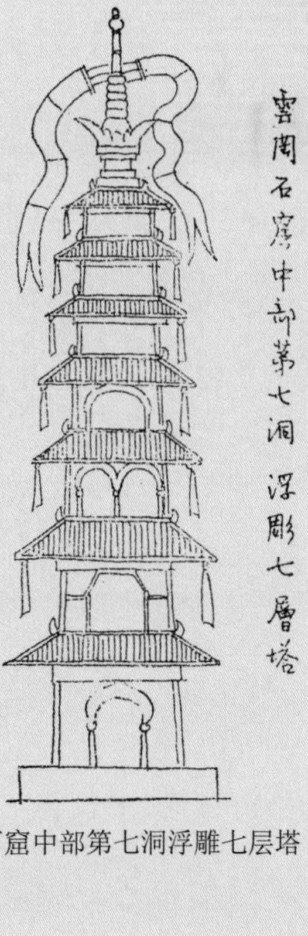

云冈石窟中部第七洞浮雕七层塔

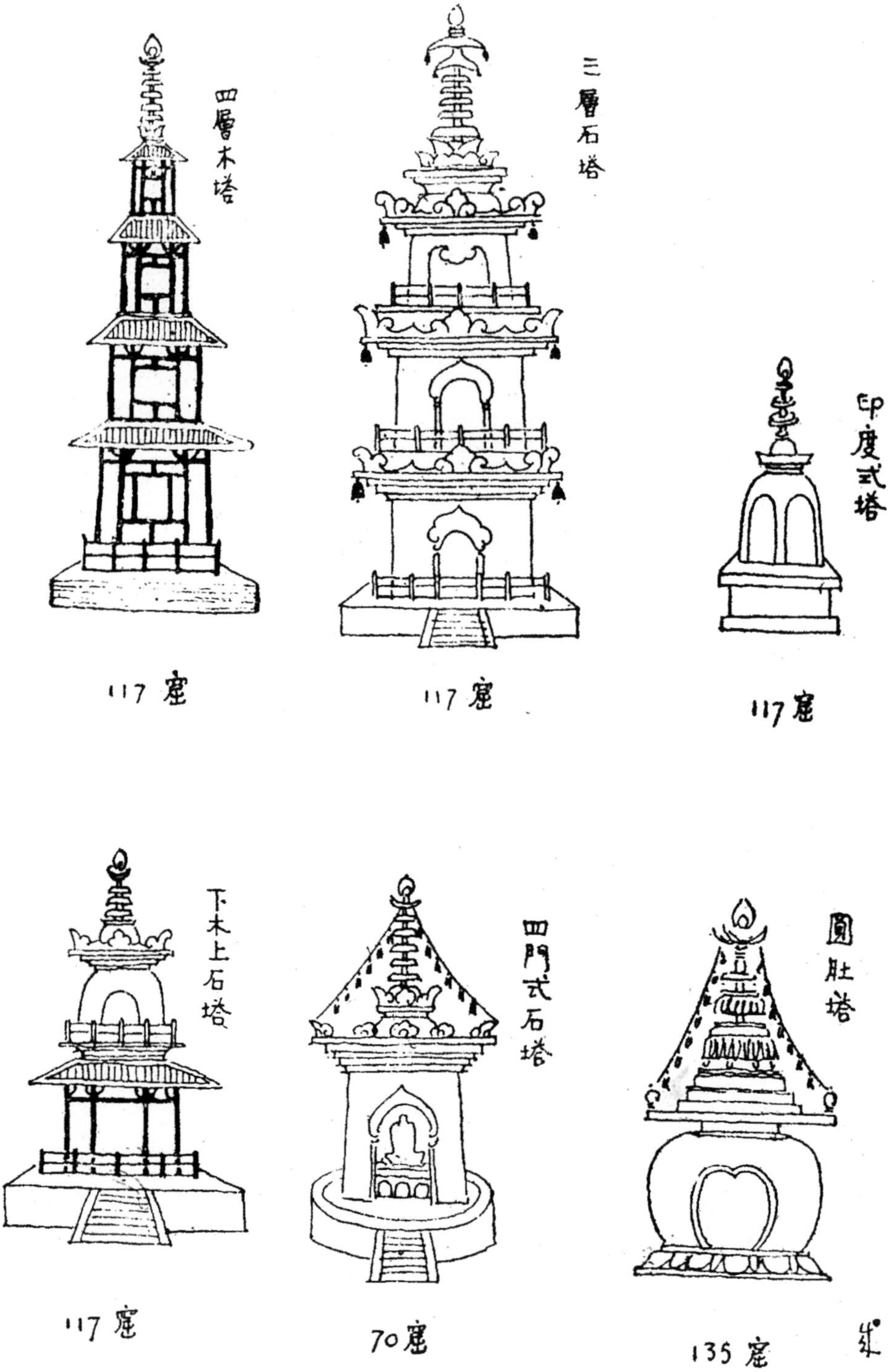
四層木塔
117窟
三層石塔
117窟
印度式塔
117窟
下木上石塔
117窟
四門式石塔
70窟
圓肚塔
135窟

敦煌壁画中所见佛塔六种

陕西西安大雁塔（唐）

陕西西安玄奘法师塔（唐）

河南济源延庆寺塔（宋）

河北定县开元寺料敌塔（宋）

山东长清灵岩寺辟支塔（宋）

山西赵城广胜寺飞虹塔（明）

山西应县佛宫寺塔（辽）

山西应县佛宫寺塔详部（辽）

浙江杭州六和塔复原图（宋）

内蒙古白塔（辽）

河北正定天宁寺塔（宋）

河北易县白塔院千佛塔（辽）

江苏苏州罗汉院双塔（宋）

福建泉州开元寺双塔其一（宋）

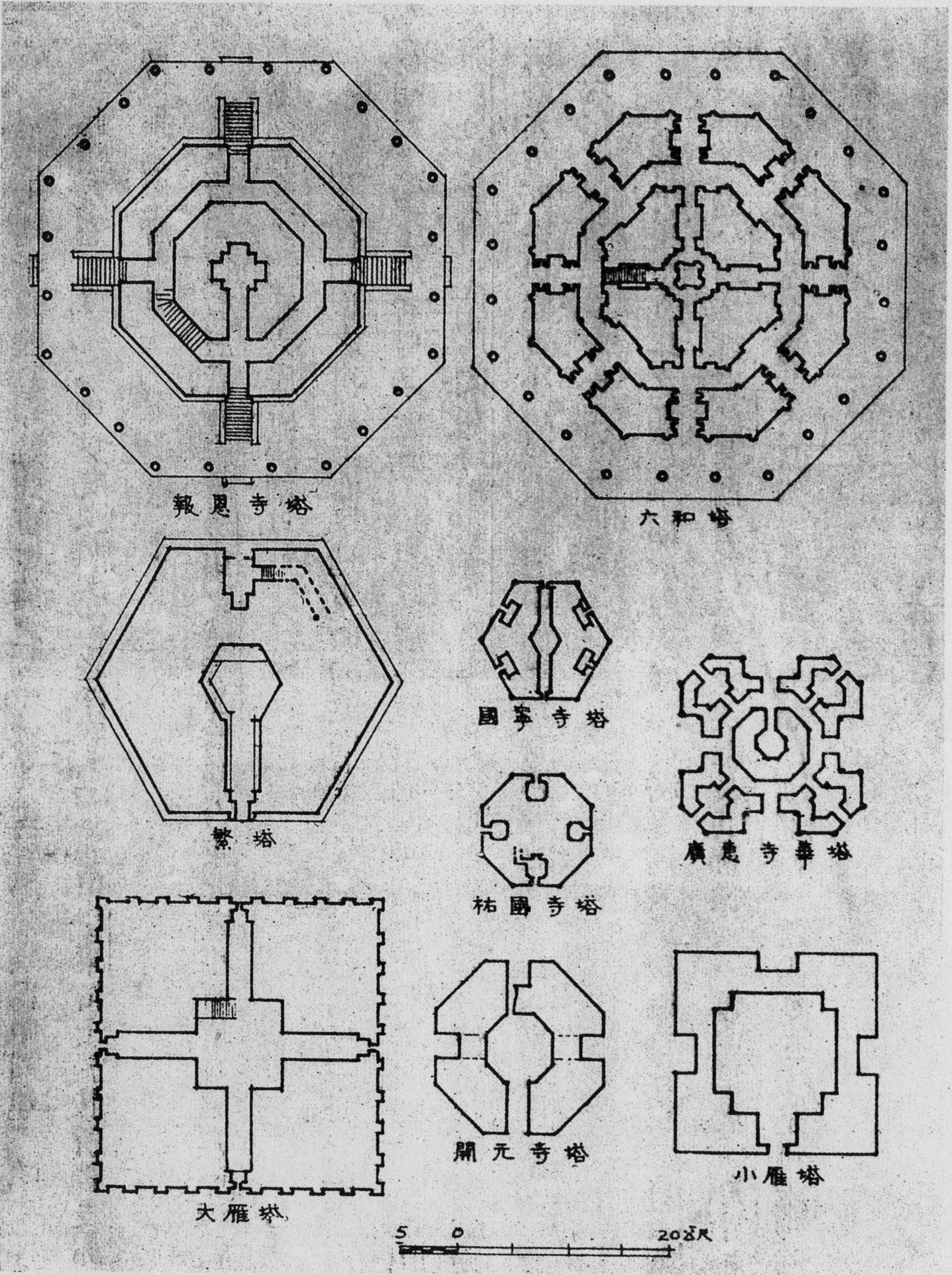
報恩寺塔
六和塔
繁塔
國寧寺塔
廣惠寺華塔
祐國寺塔
大雁塔
開元寺塔
小雁塔
5 0 20尺

唐宋塔平面比较图

河南登封嵩岳寺塔（北魏）

北京房山云居寺静琬法师塔（辽）

河南登封法王寺塔（唐）

河北易县泰宁寺塔（辽）

河北邢台开元寺塔（元）

河北邢台开元寺墓塔（元）

河南安阳天宁寺塔（元）

河北磁县南响堂山石窟浮雕塔（北齐）

山东历城神通寺四门塔（北齐）

山东长清灵岩寺慧崇法师塔（唐）

河南登封少林寺同光禅师塔（唐）

河北涿县[1]水北村塔（唐）

1. [整理者注] 河北涿县，今河北省涿州市。

河南登封会善寺净藏禅师塔（唐）

河南安阳灵泉寺墓塔（宋）

河北正定广慧寺花塔（金）

北京妙应寺塔（元）

北京五塔寺塔（明）

山西五台山塔院寺塔（明）

北京法海寺塔门（清）

北京北海塔（清）

居庸关过街塔座立面图

居庸关过街塔座正面

居庸关过街塔座雕刻

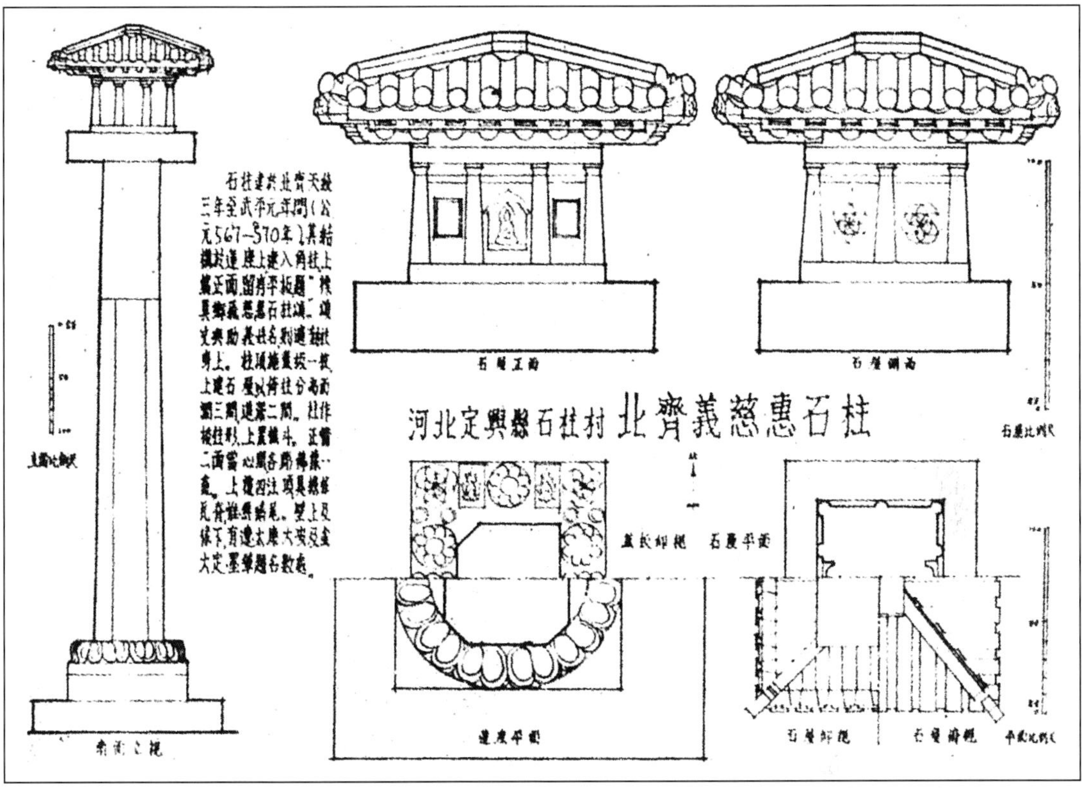

河北定兴石柱（北齐）

宁安渤海国遗址石灯笼

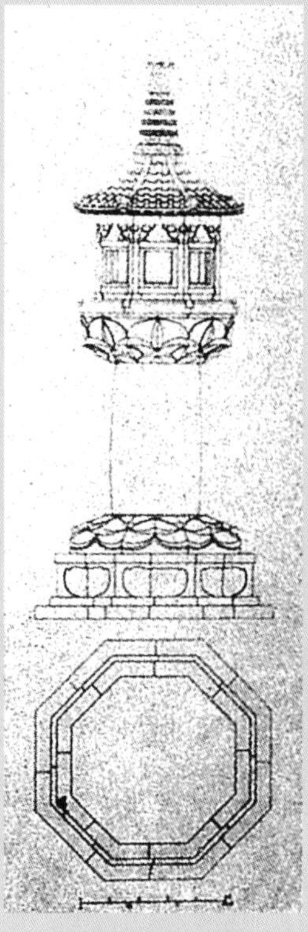
宁安渤海国遗址
石灯笼实测图

河北赵县经幢（宋）

河南登封测景台（元）

十二、石窟

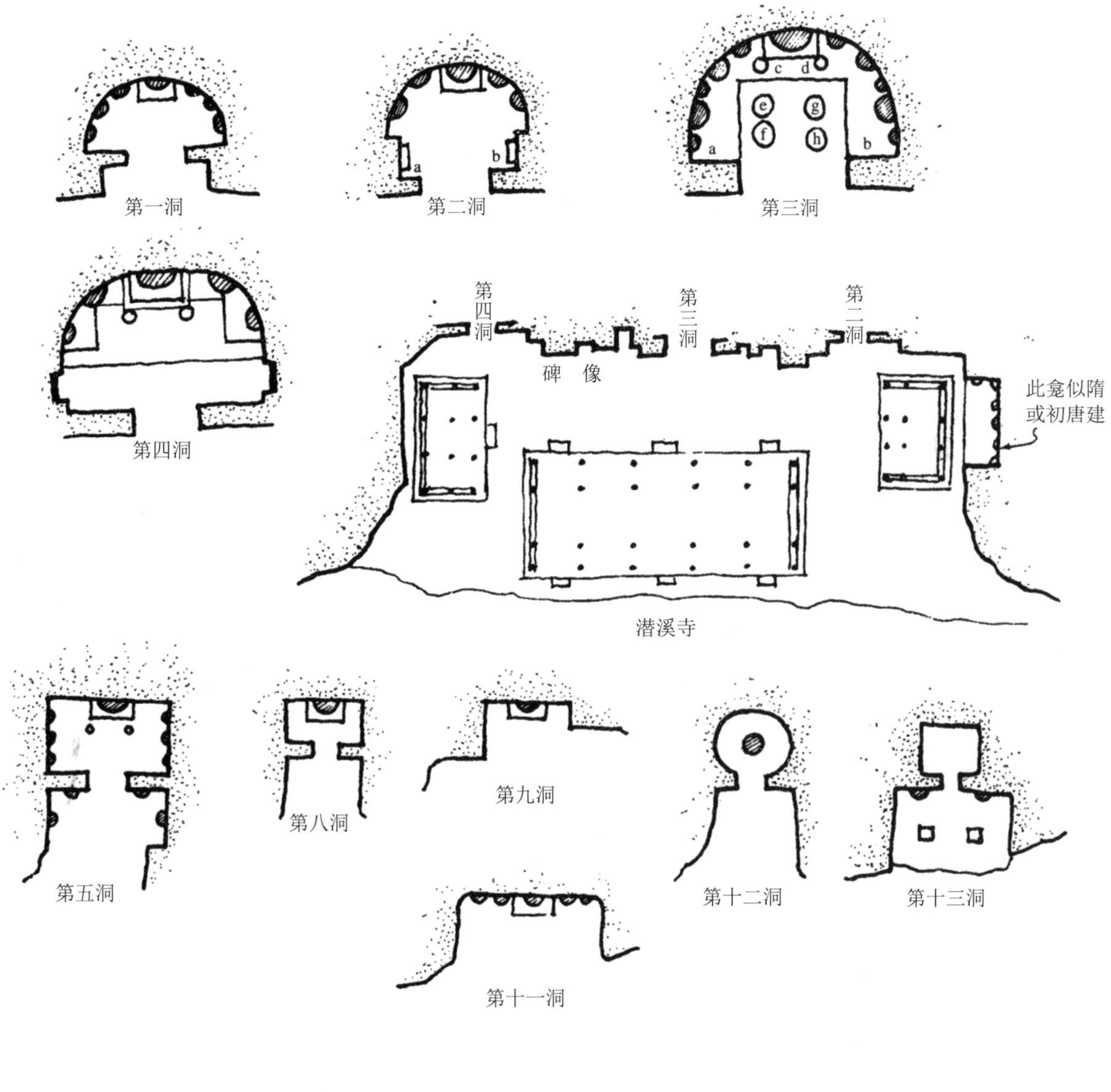

c
d
e
g
f
h
a
b
第一洞
第二洞
第三洞
第四洞
第四洞
第三洞
第二洞
碑 像
此龛似隋
或初唐建
潜溪寺
第五洞
第八洞
第九洞
第十二洞
第十三洞
第十一洞

龙门石窟伊水西岸北部洞窟平面示意图
（整理者编）

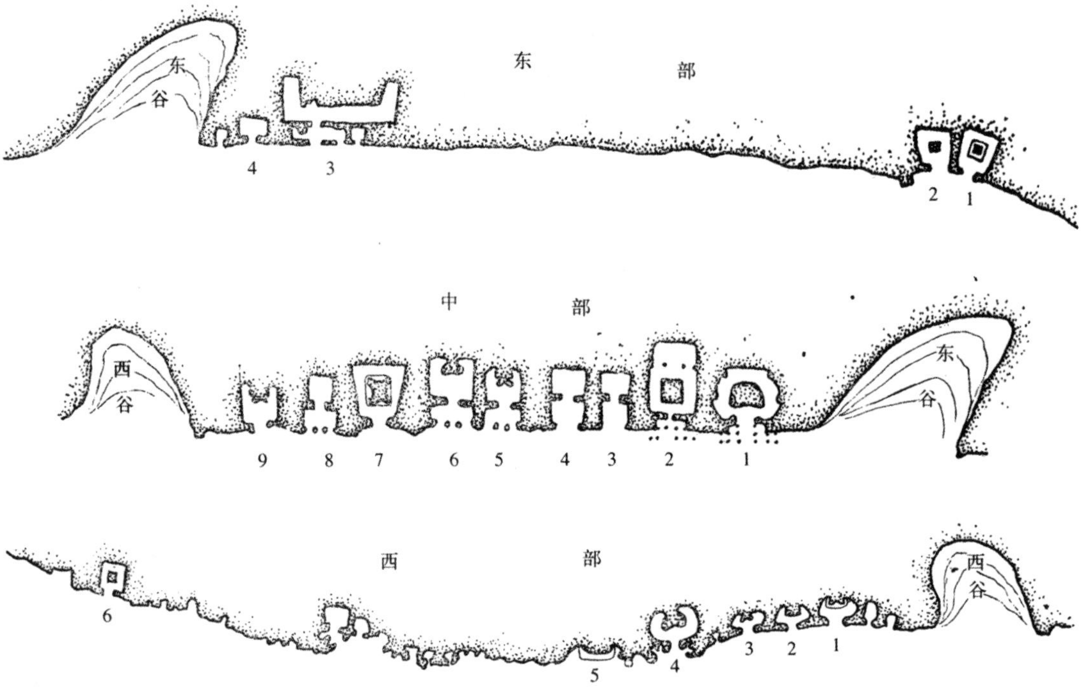

云冈石窟全部平面
（整理者编）

甘肃敦煌千佛洞内部（西魏）

甘肃天水麦积山石窟（西魏—北周）

甘肃敦煌千佛洞内部（隋）

甘肃敦煌千佛洞外廊（北宋）

十三、亭

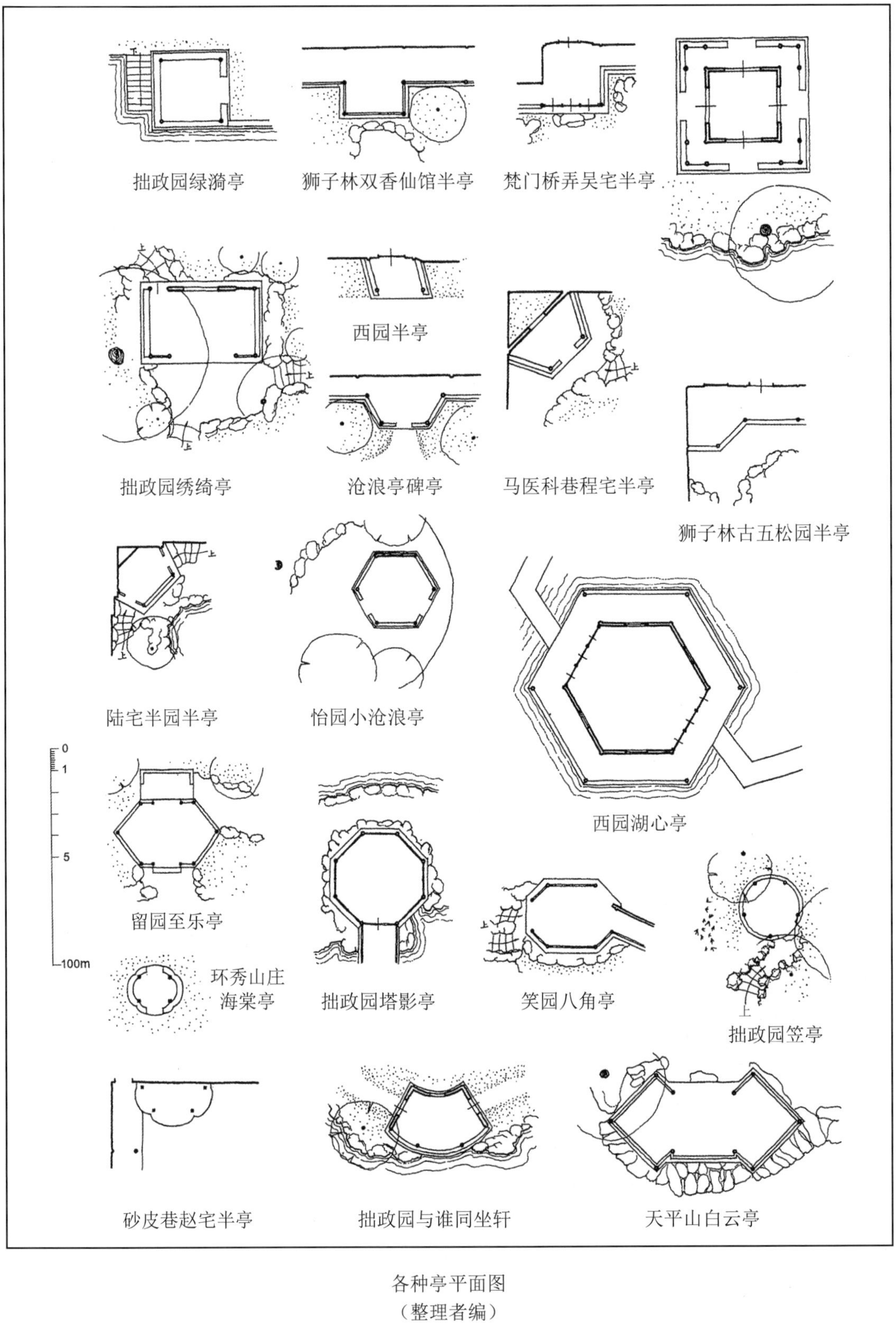
拙政园绿漪亭
狮子林双香仙馆半亭
梵门桥弄吴宅半亭
拙政园绣绮亭
西园半亭
沧浪亭碑亭
马医科巷程宅半亭
狮子林古五松园半亭
陆宅半园半亭
怡园小沧浪亭
西园湖心亭
0
1
5
100m
留园至乐亭
环秀山庄
海棠亭
拙政园塔影亭
笑园八角亭
拙政园笠亭
砂皮巷赵宅半亭
拙政园与谁同坐轩
天平山白云亭

各种亭平面图
（整理者编）

武汉黄鹤楼

北京大钟亭

江苏吴县天平山范祠御碑亭

北京景山八角重檐亭

北京北海八柱圆亭

浙江绍兴兰亭

十四、牌坊

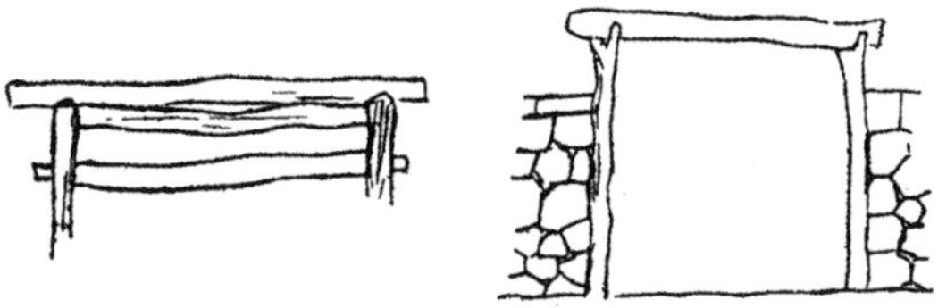

吉林民居之门

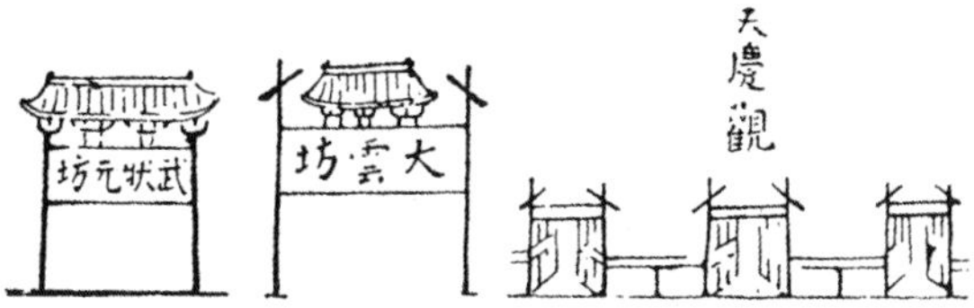

平江府石刻牌楼（宋）

《营造法式》乌头门（宋）

南京社稷坛石门（明）

北京昌平十三陵石牌楼（明）

山东曲阜孔陵洙水桥牌楼

河北易县慕陵龙凤门（清）

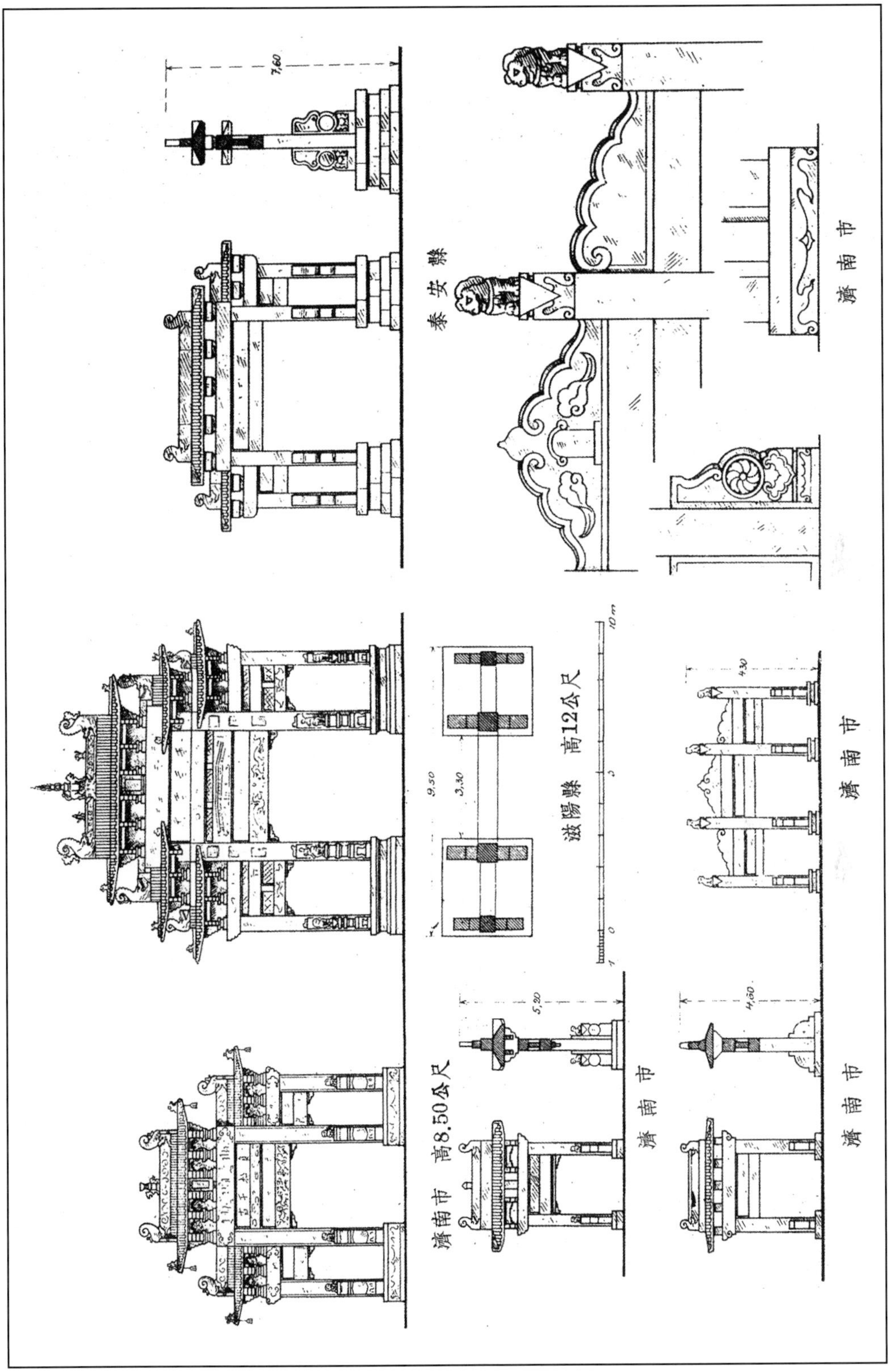
濟南市 高8.50公尺
濟南市
濟南市
滋陽縣 高12公尺
濟南市
泰安縣
濟南市
7.60
5.20
4.50
4.30
9.50
3.30
10m

石牌楼（山东）

沈阳黄寺牌楼

河北易县崇陵牌楼

河南汤阴岳庙牌楼

北京大高殿前牌楼

十五、桥梁

河北赵县安济桥（隋）

西康木里挑梁式木桥（又称飞桥）

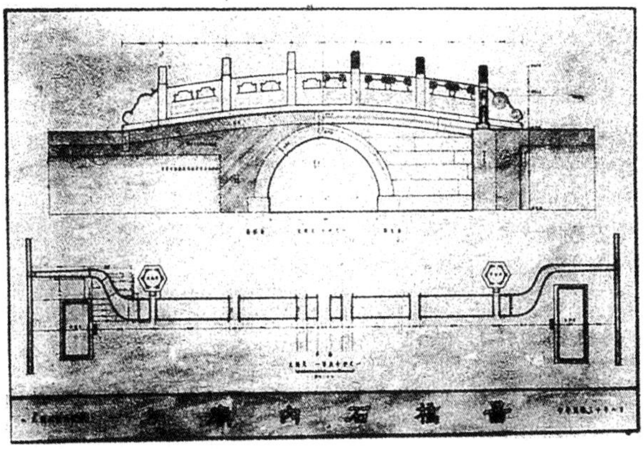

北京太庙石桥实测图

四川灌县[1]安澜桥

湖南新宁江口桥外景

1. [整理者注] 灌县，今都江堰市。

下　篇

建筑结构装饰单位的演变与特征

十六、台基

山东济宁两城山汉画像石之台基

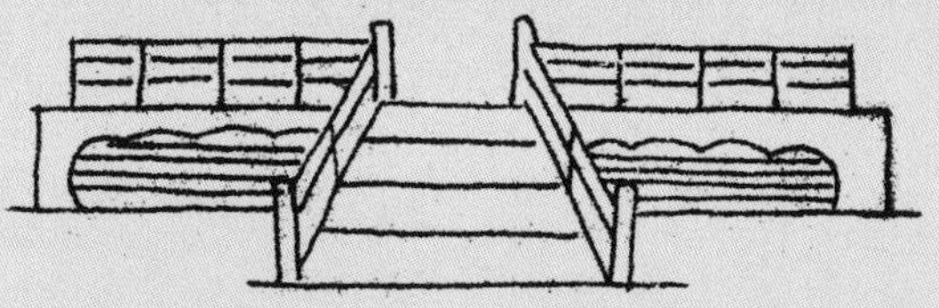

唐兴庆宫台基（宋石刻）

甘肃敦煌千佛洞壁画中之须弥座（宋）

甘肃敦煌千佛洞之须弥座（唐）

四川成都王建墓须弥座（五代）

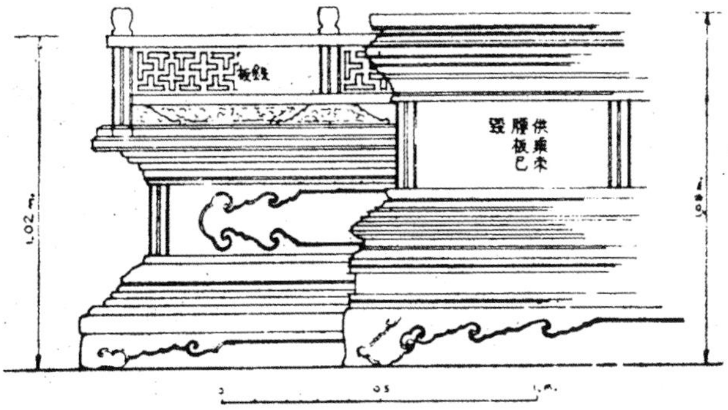

天津独乐寺观音阁须弥座（辽）

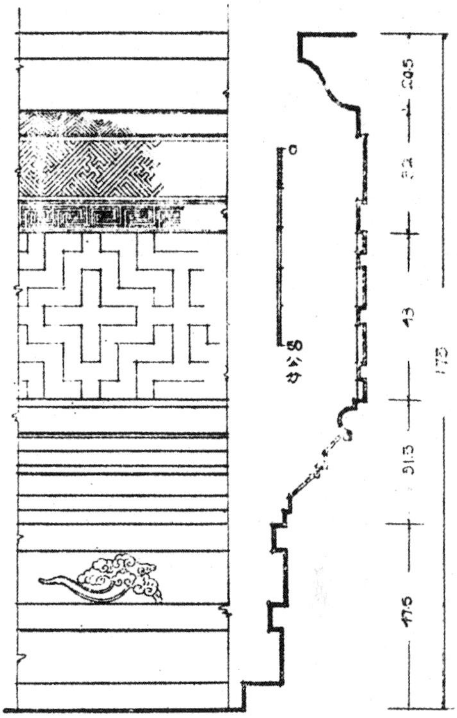

江苏苏州元妙观三清殿须弥座（宋）

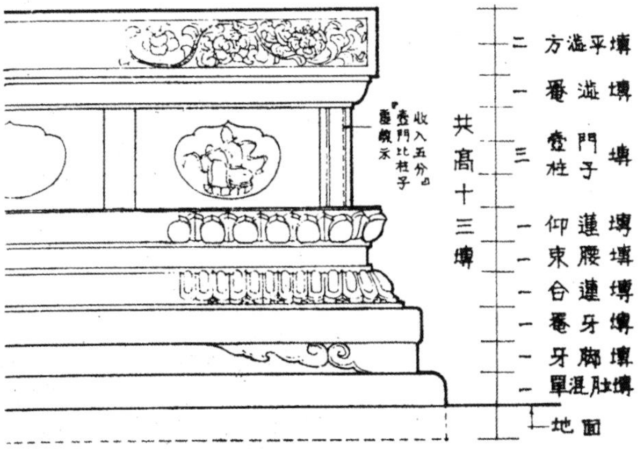

《营造法式》之须弥座（宋）

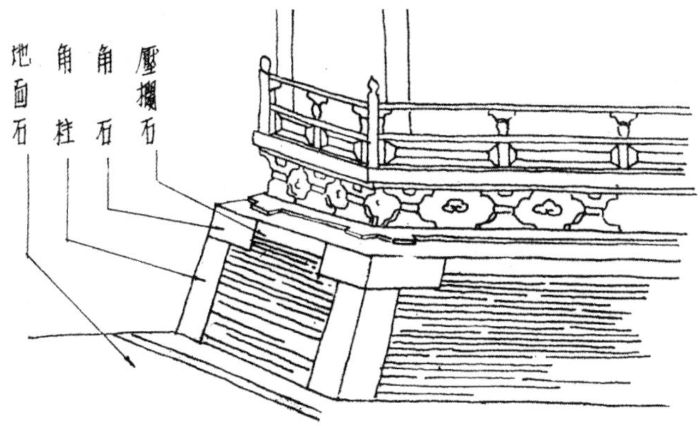

宋画中之台基

南京故宫午门须弥座（明）

北京故宫太和殿台基（明）

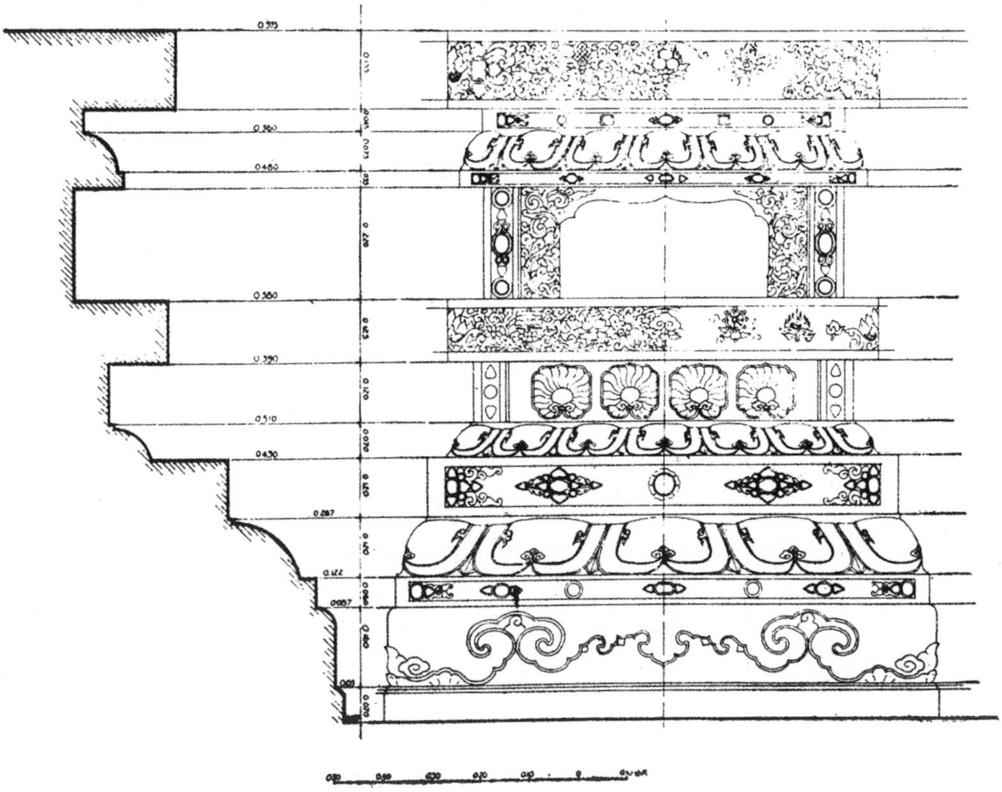

北京智化寺万佛阁楼上中央佛坛东南面详图

北京智化寺万佛阁经橱须弥座（明）

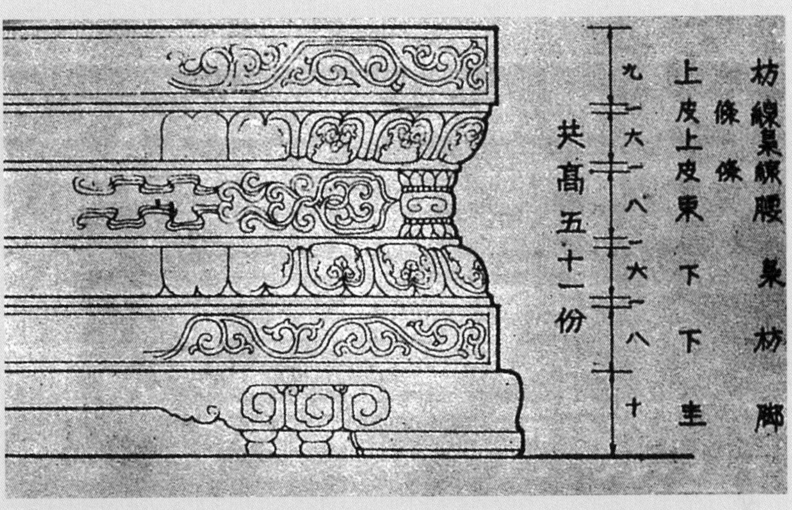

清式须弥座

北京故宫太和殿须弥座（清）

十七、栏杆

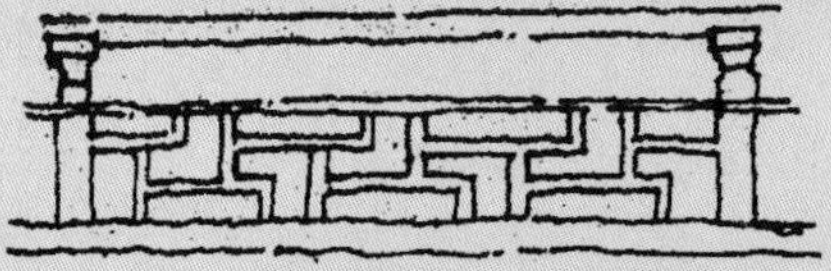

山西大同云冈石窟之勾栏（北魏）

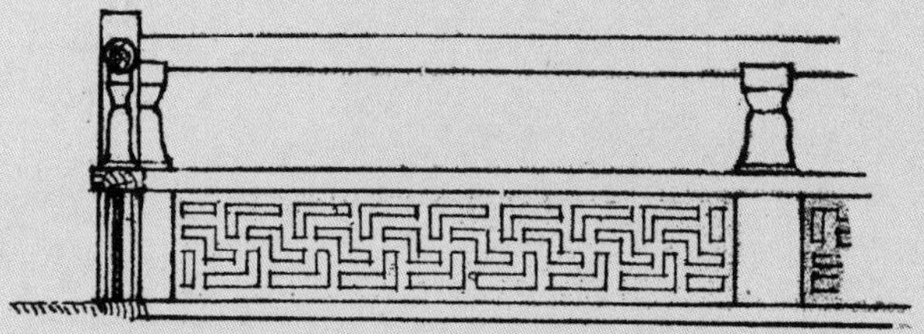

天津独乐寺观音阁勾栏（辽）

敦煌画卷中所见勾栏（唐）

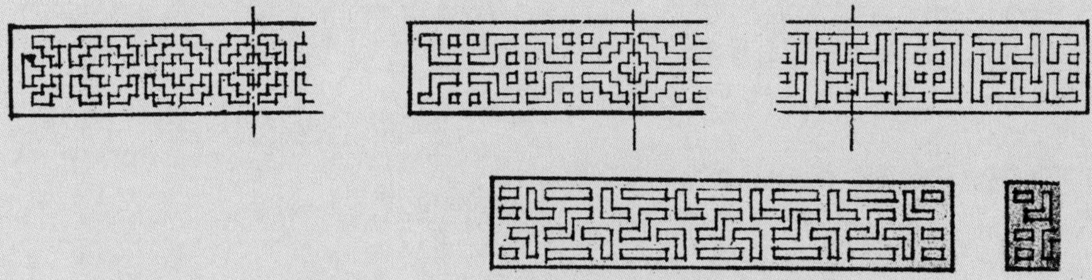

天津独乐寺观音阁勾栏之栏板纹样（辽）

江苏江宁栖霞寺舍利塔仿五代勾栏

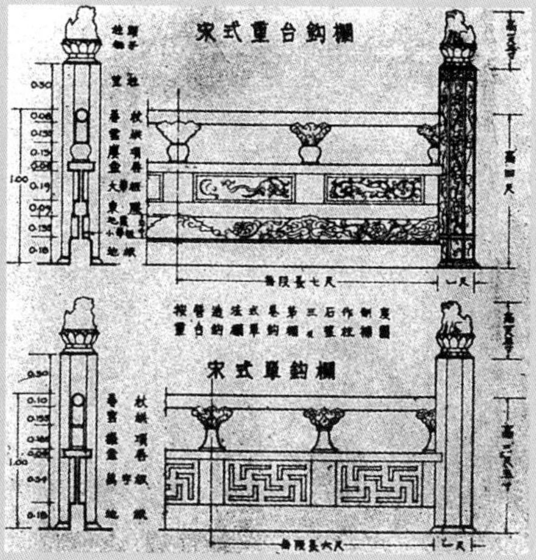

《营造法式》之勾栏（宋）

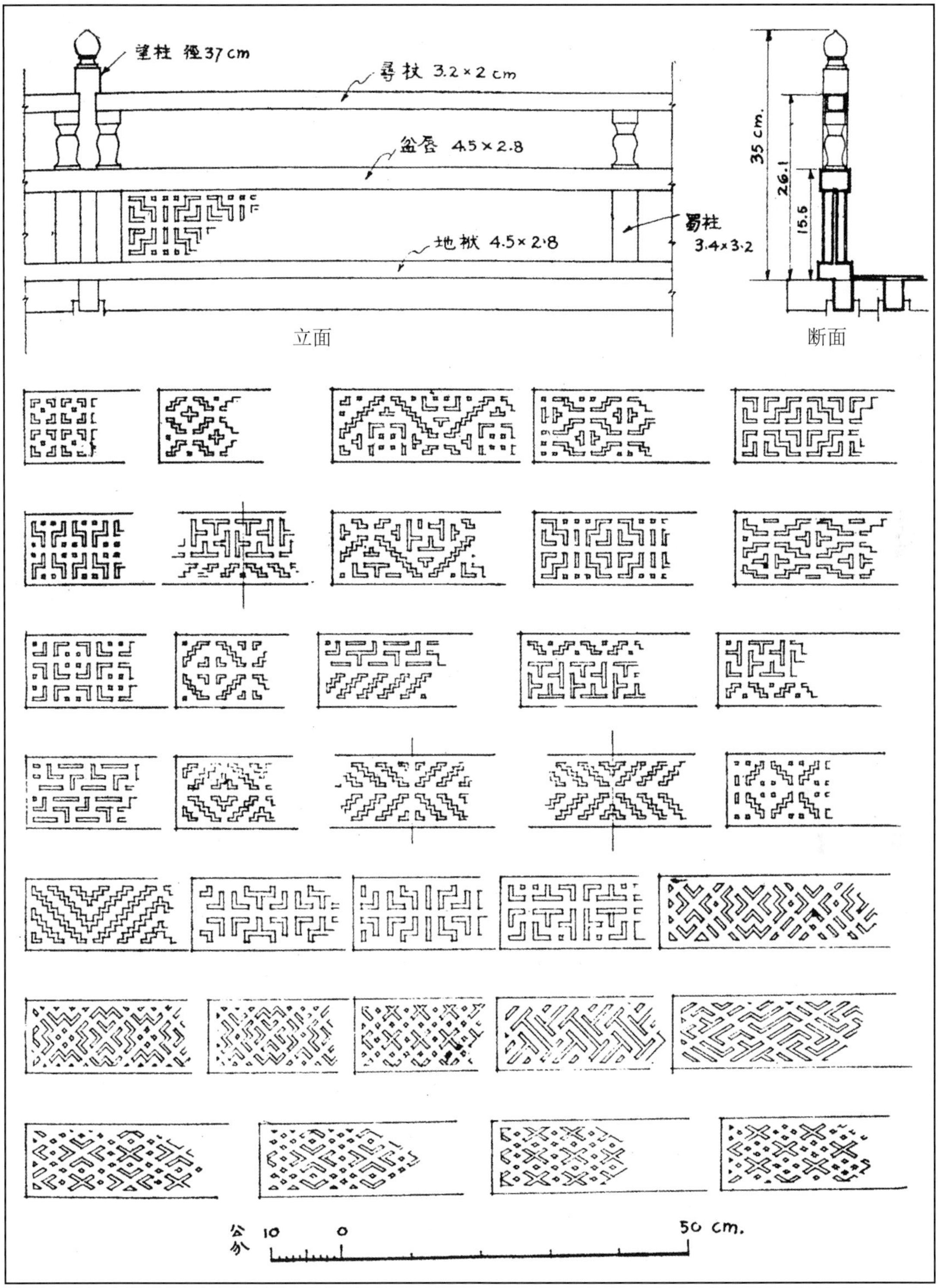

山西大同严华寺薄伽教藏殿壁藏勾栏（辽）

1

2

汉	南北朝
隋唐	宋辽

3

4

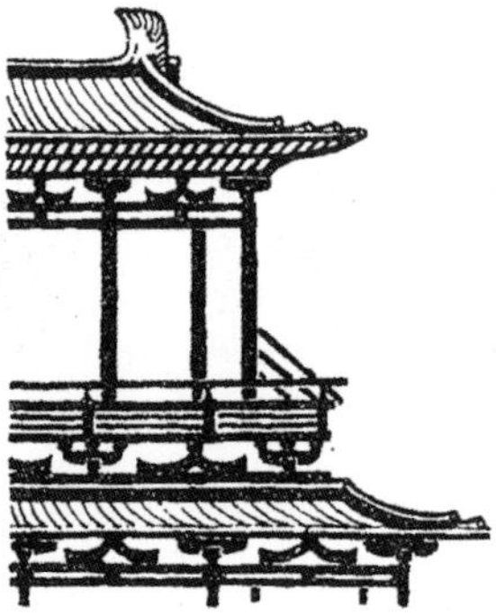

楼阁平座、下层屋檐上施一斗三升柱头铺作，补间铺作人字拱。敦煌石窟 431 窟（初唐）

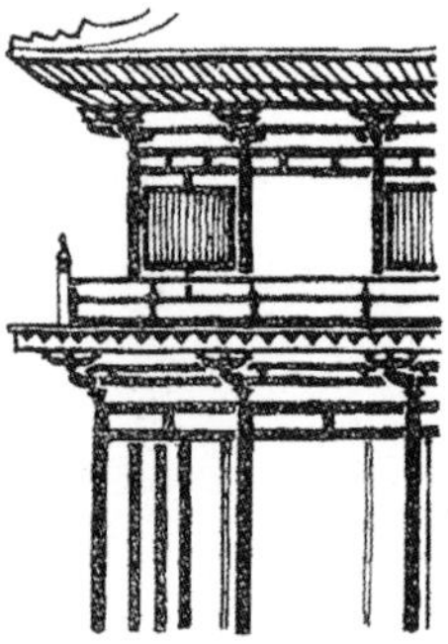

高台基座、下层立柱。柱上平座铺作。敦煌石窟

城楼基座有斗拱。卧棂栏杆。敦煌石窟 217 窟

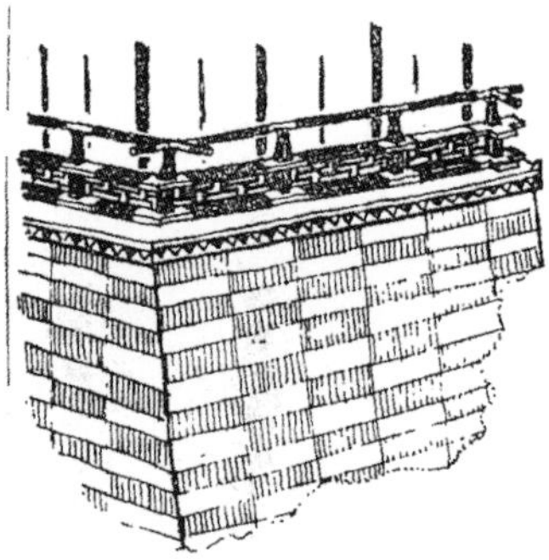

城楼基座有雁翅版无斗拱。斗子蜀柱勾片单勾栏寻杖绞角。西安唐永泰公主墓壁画

汉、南北朝、唐、宋、辽建筑

（整理者编）

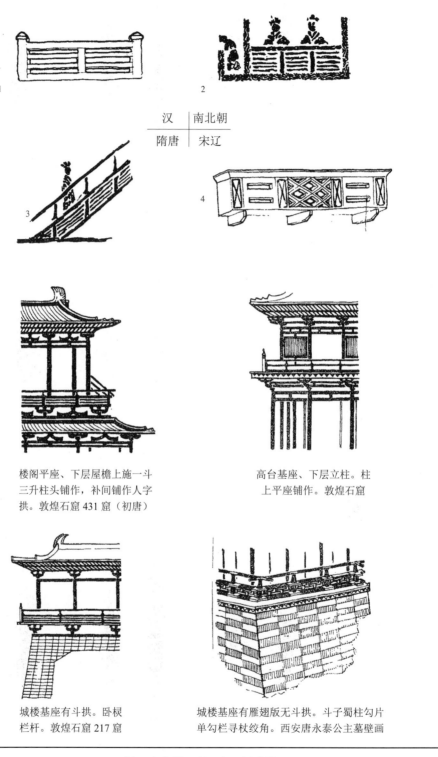

河北赵县永通桥驼峰斗子蜀柱及托神（金）

石栏杆之净瓶荷叶云子（明、清）

云南姚安至德寺木栏杆（明）

北京颐和园石桥栏杆（清）

北京天安门前华表之栏杆（明）

北京故宫太和门栏杆（清）

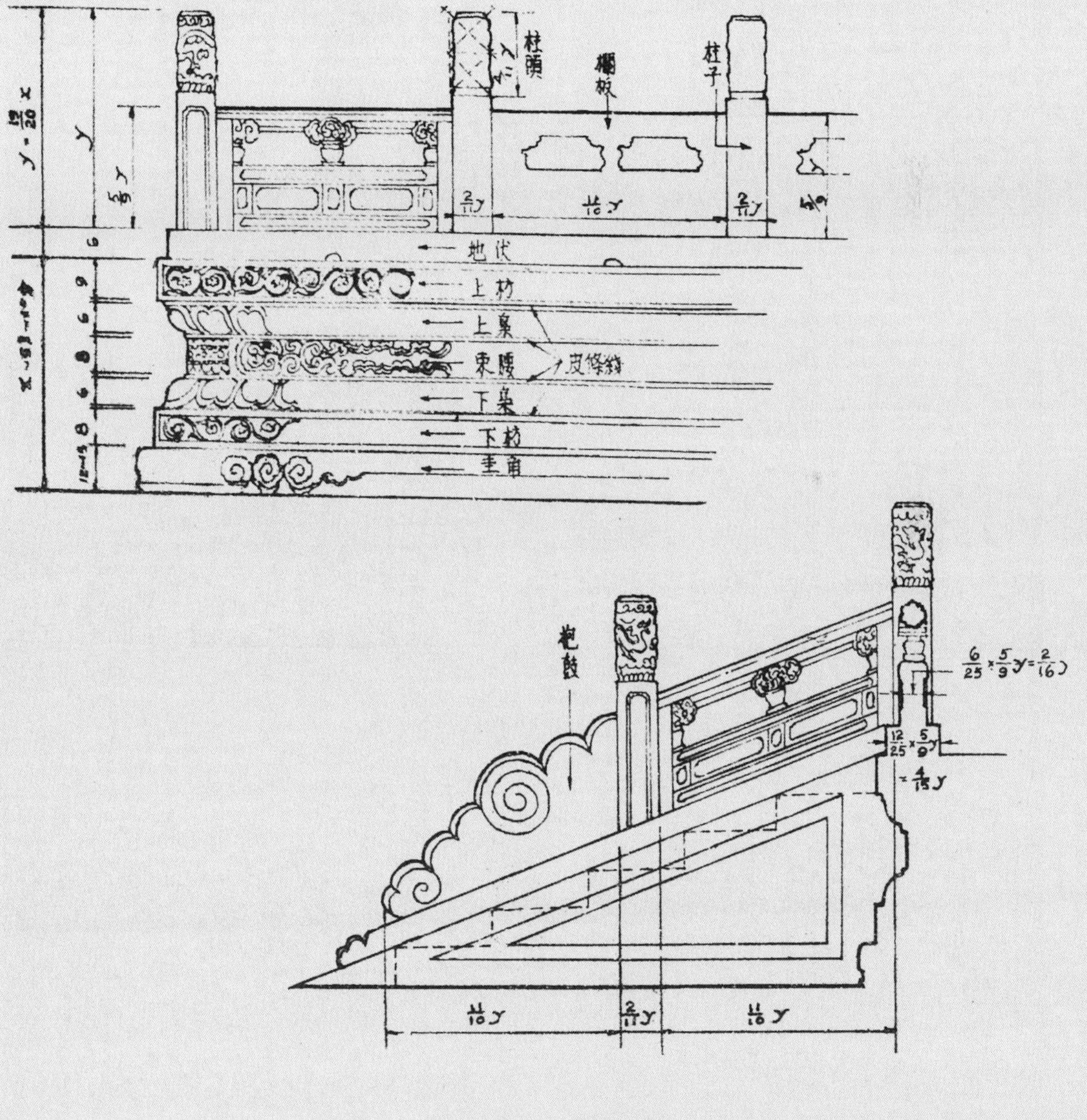

清式须弥座及栏杆

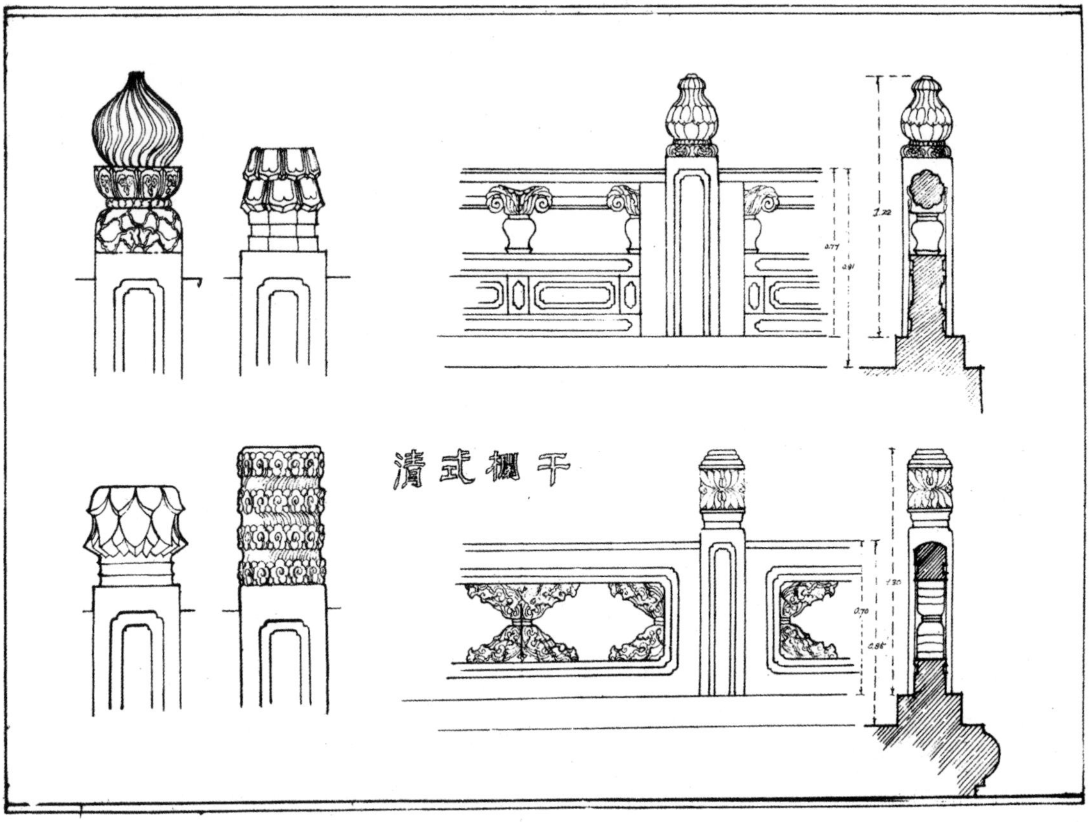

清式栏杆

北京故宫太和门栏杆望柱头（清）

北京故宫太和门栏杆望柱头（清）

北京北海栏杆望柱头（清）

北京故宫北朝房栏杆望柱头（清）

北京颐和园铜殿栏杆望柱头（清）

北京故宫武英殿前石桥栏杆望柱头（清）

北京颐和园排云殿栏杆望柱头（清）

北京天坛祈年殿栏杆望柱头（清）

十八、柱础

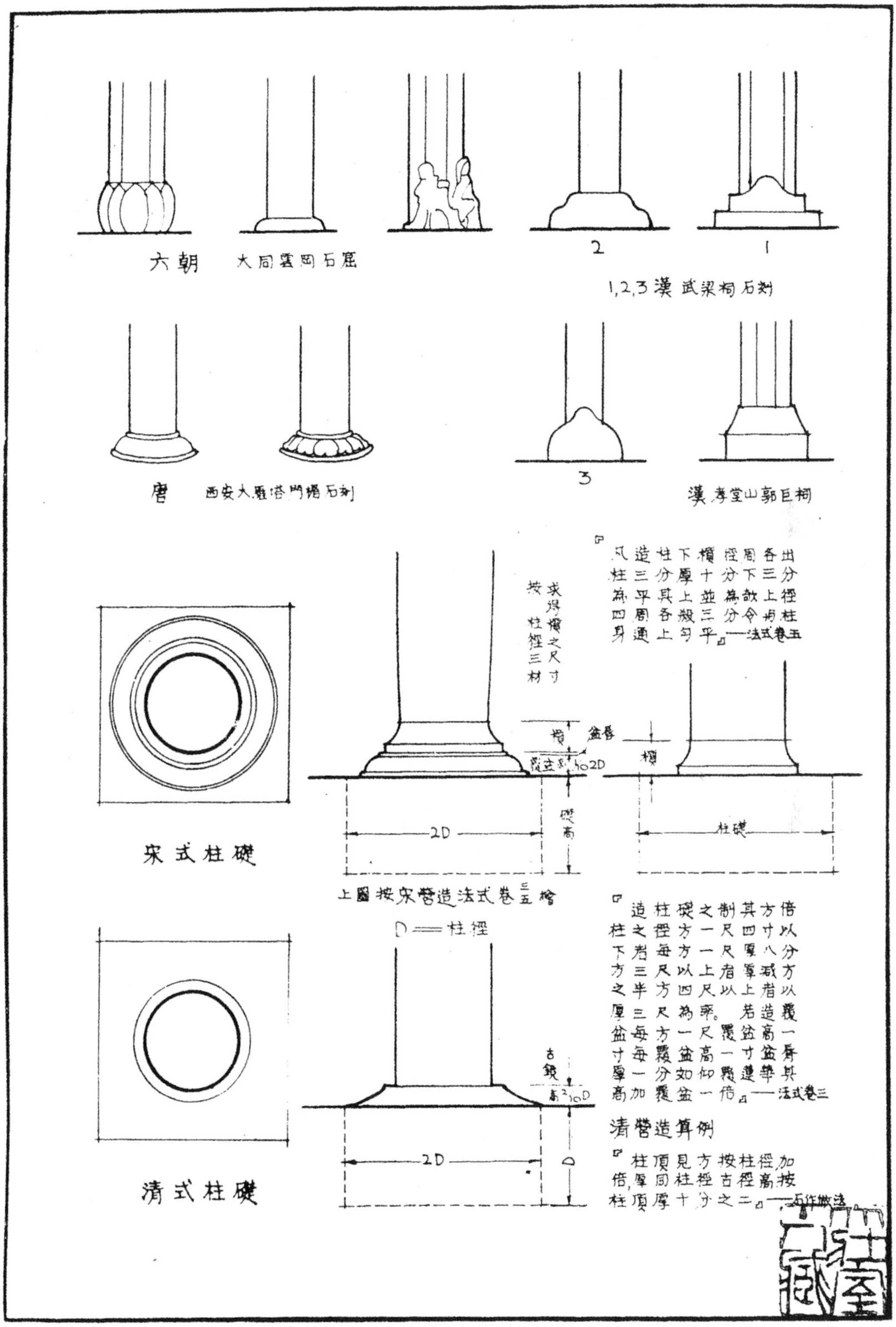

六朝
大同雲岡石窟
2
1
1,2,3 漢 武梁祠石刻
唐
西安大雁塔門楣石刻
3
漢 孝堂山郭巨祠
『凡造柱下櫍 徑周各出柱三分 厚十分 下三分為平 其上並為欹 上徑四周各殺三分 令與柱身通上匀平』——法式卷五
按求得櫍之尺寸 柱徑三材
盆唇
櫍
覆盆高 1/10 2D
礎高
2D
櫍
柱礎
宋式柱礎
上圖按宋營造法式卷三 五繪
D——柱徑
『造柱礎之制 其方倍柱之徑 方一尺四寸以下者 每方一尺厚八分 方三尺以上者 厚減方之半 方四尺以上者 以厚三尺為率。若造覆盆 每方一尺 覆盆高一寸 每覆盆高一寸 盆唇厚一分 如仰覆蓮華 其高加覆盆一倍』——法式卷三
古鏡
高 2/10 D
2D
D
清營造算例
『柱頂見方按柱徑加倍，厚同柱徑 古徑高按柱頂厚十分之二』——石作做法
清式柱礎

各代柱础

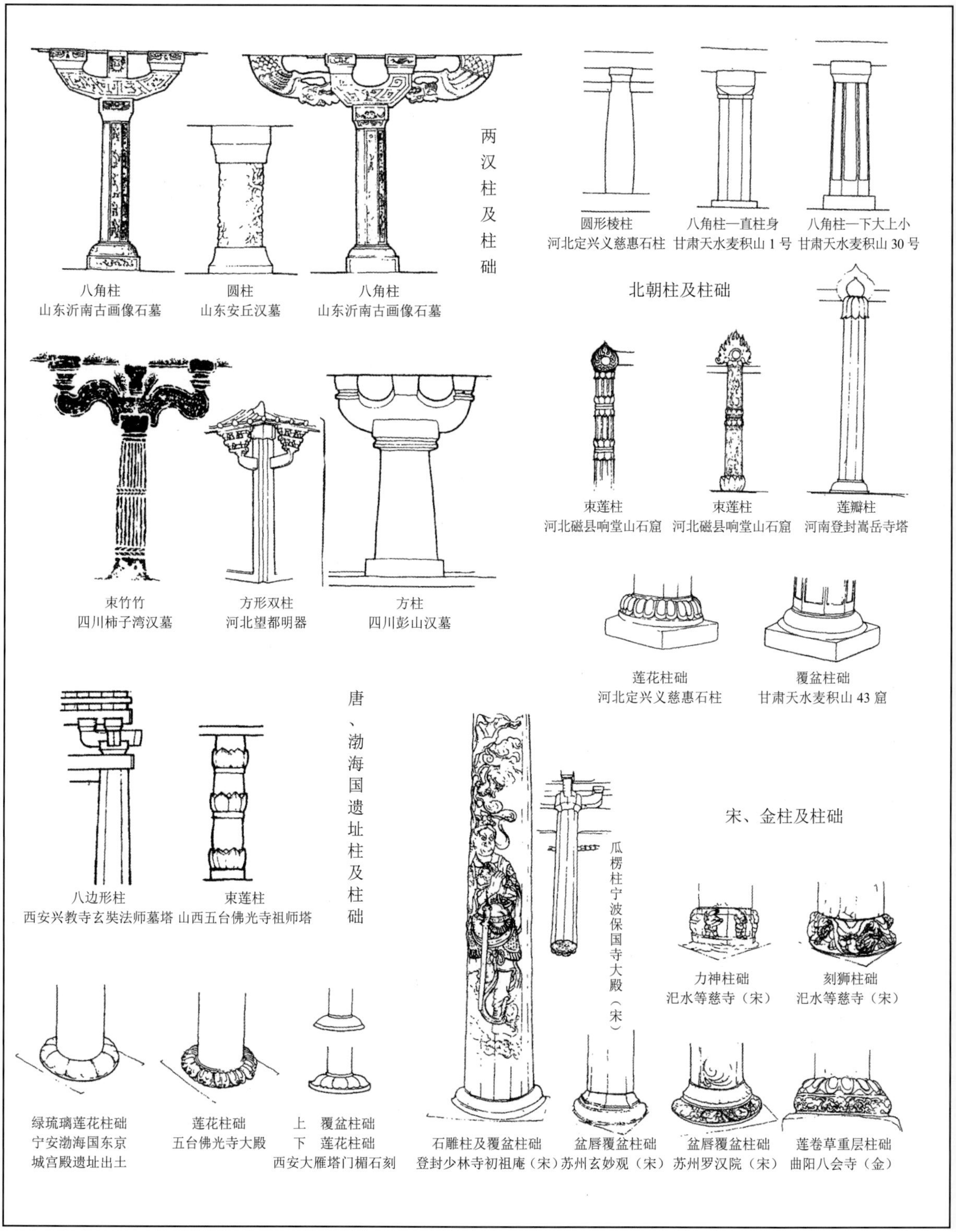
两汉柱及柱础
八角柱
山东沂南古画像石墓
圆柱
山东安丘汉墓
八角柱
山东沂南古画像石墓
束竹竹
四川柿子湾汉墓
方形双柱
河北望都明器
方柱
四川彭山汉墓
北朝柱及柱础
圆形棱柱
河北定兴义慈惠石柱
八角柱—直柱身
甘肃天水麦积山 1 号
八角柱—下大上小
甘肃天水麦积山 30 号
束莲柱
河北磁县响堂山石窟
束莲柱
河北磁县响堂山石窟
莲瓣柱
河南登封嵩岳寺塔
莲花柱础
河北定兴义慈惠石柱
覆盆柱础
甘肃天水麦积山 43 窟
唐、渤海国遗址柱及柱础
八边形柱
西安兴教寺玄奘法师墓塔
束莲柱
山西五台佛光寺祖师塔
绿琉璃莲花柱础
宁安渤海国东京
城宫殿遗址出土
莲花柱础
五台佛光寺大殿
上 覆盆柱础
下 莲花柱础
西安大雁塔门楣石刻
宋、金柱及柱础
瓜楞柱宁波保国寺大殿（宋）
力神柱础
汜水等慈寺（宋）
刻狮柱础
汜水等慈寺（宋）
石雕柱及覆盆柱础
登封少林寺初祖庵（宋）
盆唇覆盆柱础
苏州玄妙观（宋）
盆唇覆盆柱础
苏州罗汉院（宋）
莲卷草重层柱础
曲阳八会寺（金）

汉、南北朝、唐、宋、金柱及柱础
（整理者编）

河南汜水等慈寺柱础（唐）

江苏吴县保圣寺柱础（宋）

浙江延福寺柱础（元）

沈阳清故宫崇政殿柱础（清）

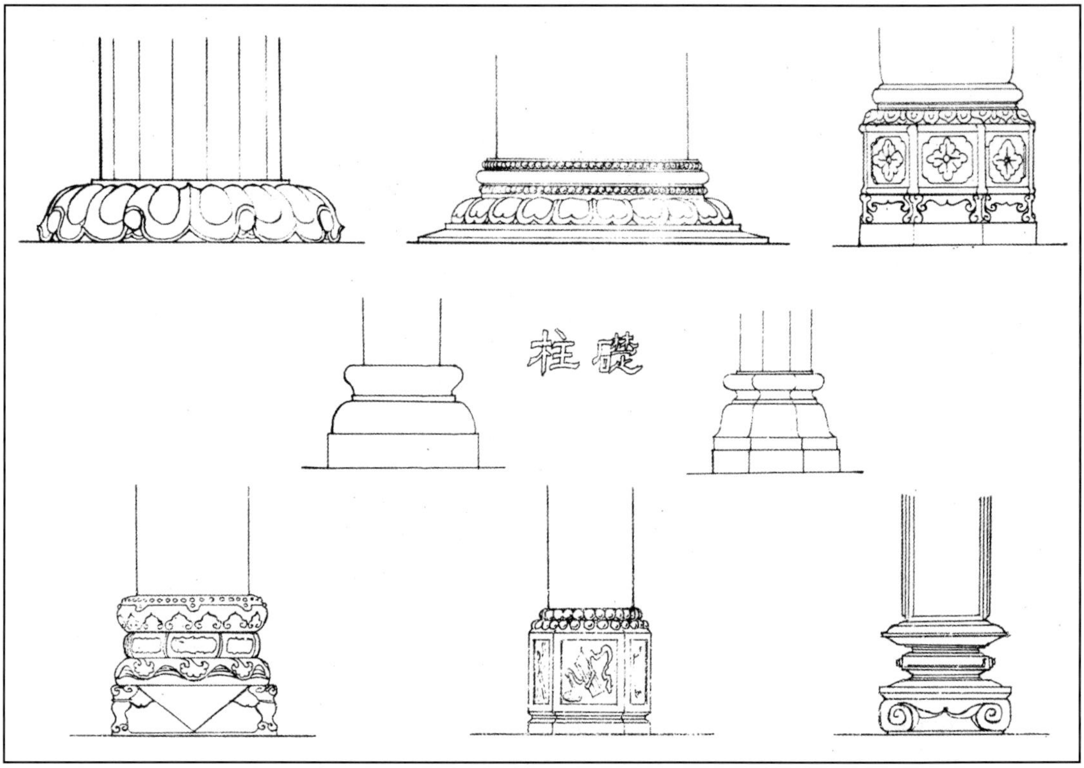

柱础

十九、斗拱

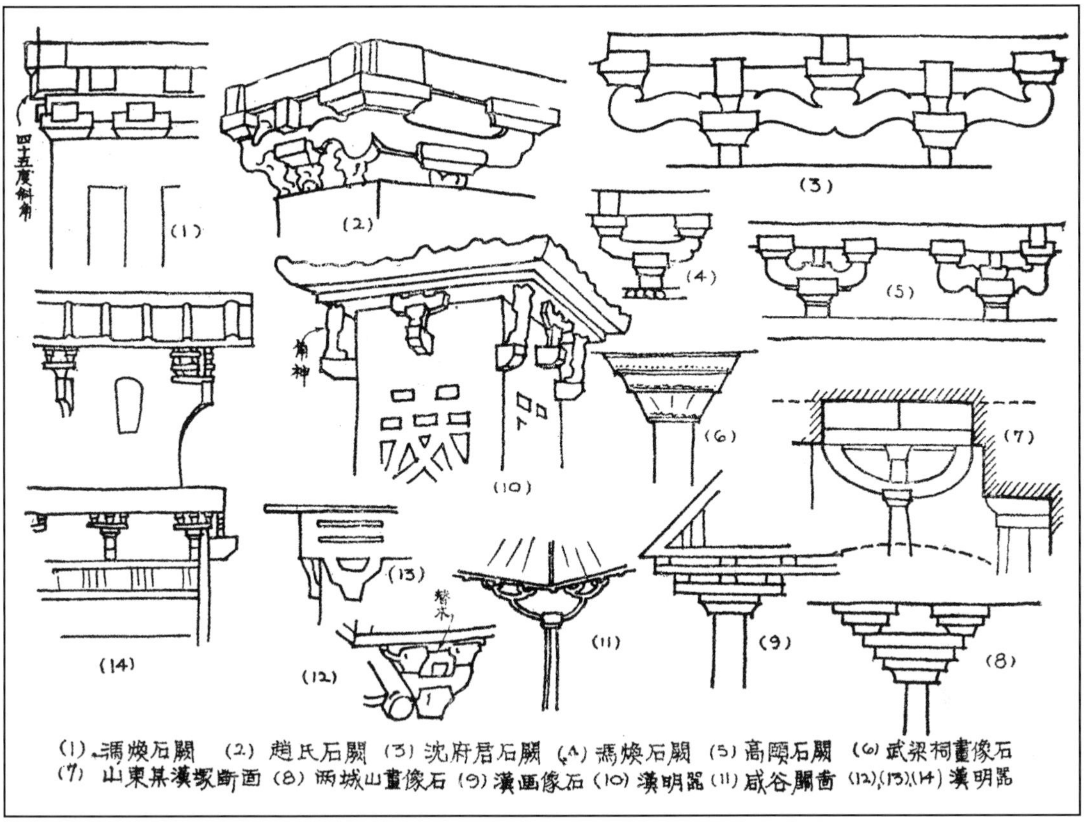
四十五度斜角
(1)
(2)
(3)
(4)
(5)
角神
(6)
(7)
(10)
(13)
替木
(11)
(9)
(14)
(12)
(8)
(1) 馮煥石闕 (2) 趙氏石闕 (3) 沈府君石闕 (4) 馮煥石闕 (5) 高頤石闕 (6) 武梁祠畫像石
(7) 山東某漢冢斷面 (8) 兩城山畫像石 (9) 漢畫像石 (10) 漢明器 (11) 函谷關畫 (12),(13),(14) 漢明器

汉代斗拱

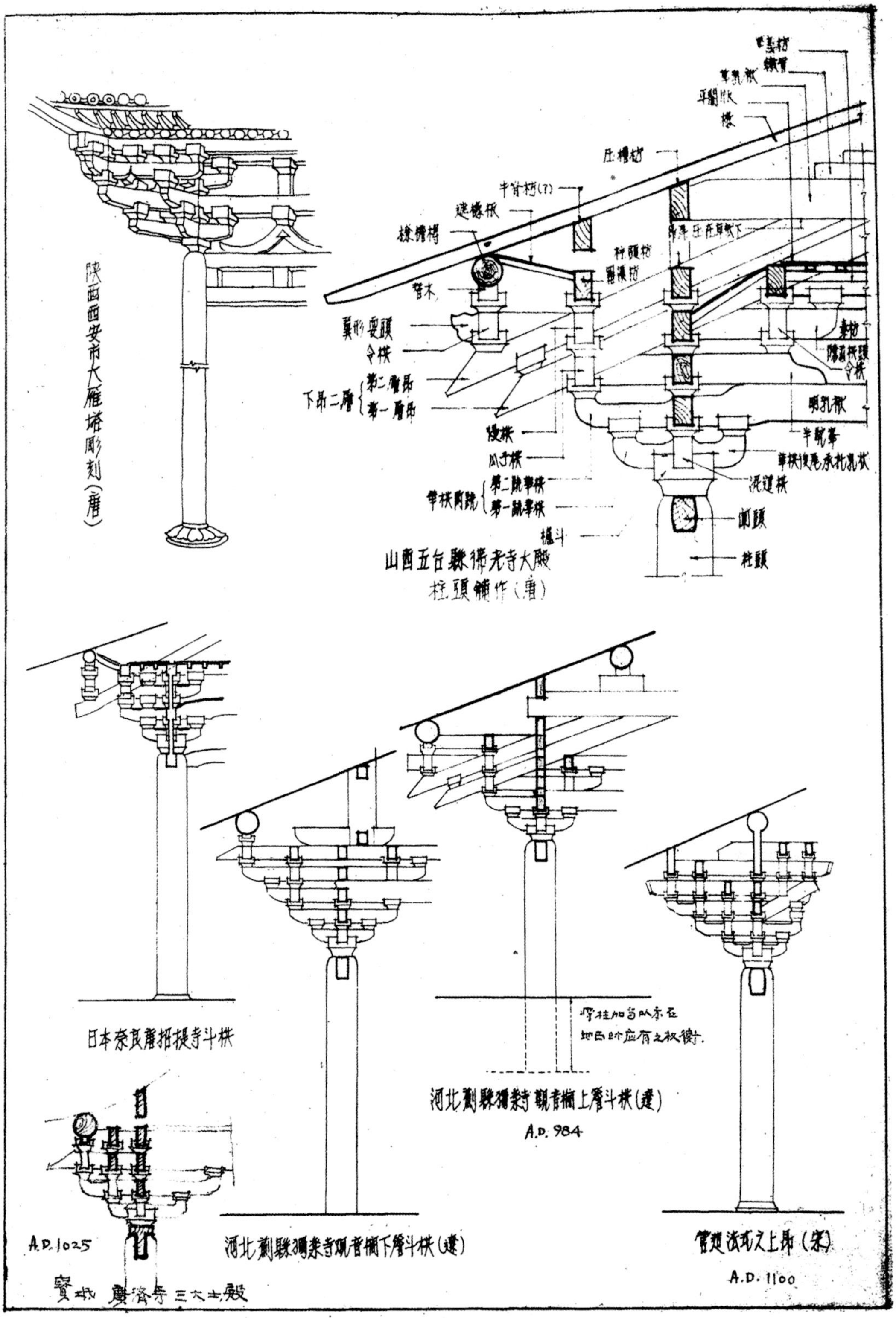

唐宋（辽）元明清斗拱之比较（一）

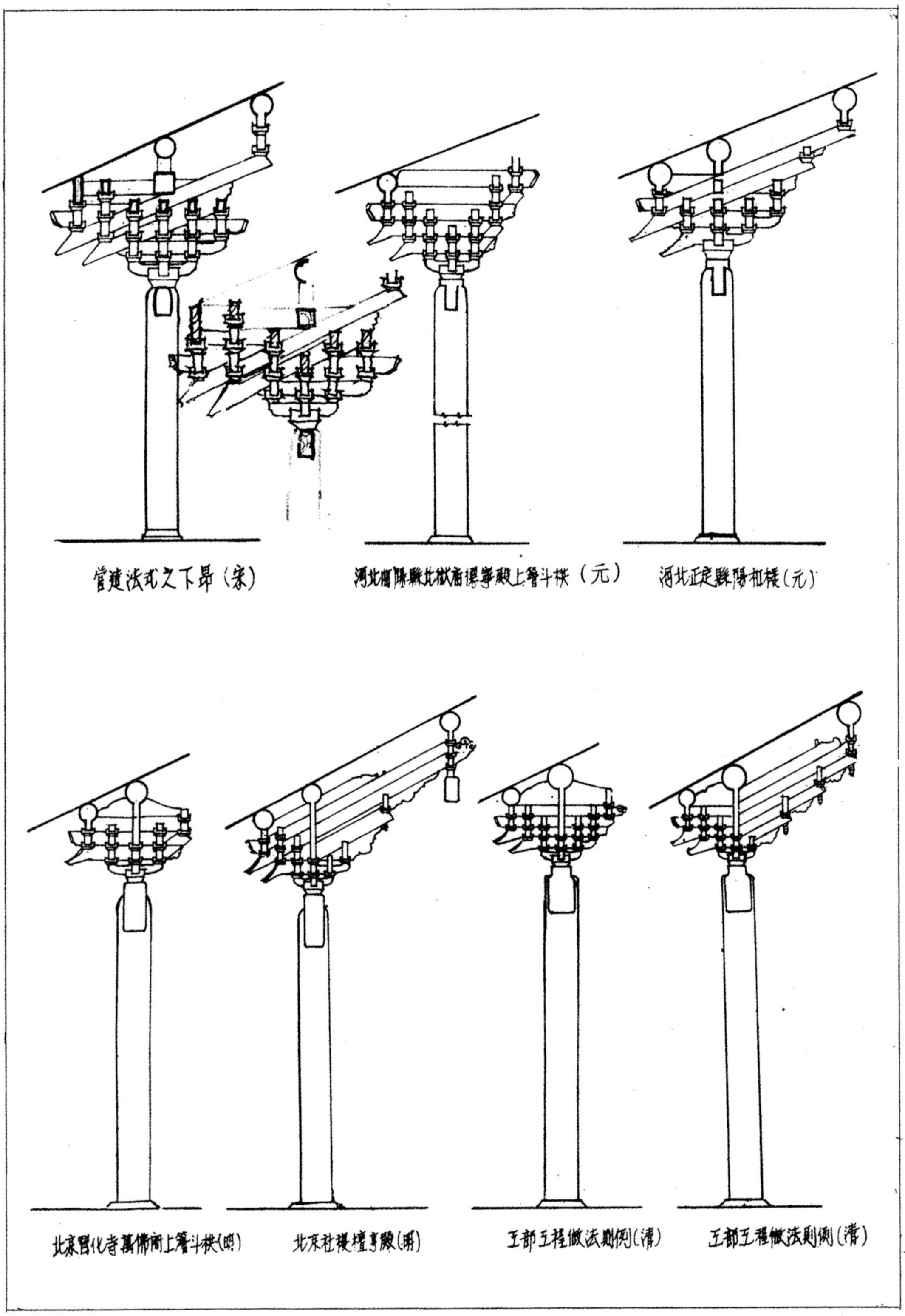
營造法式之下昂（宋）
河北曲陽縣北嶽廟德寧殿上簷斗栱（元）
河北正定縣陽和樓（元）
北京智化寺萬佛閣上簷斗栱（明）
北京社稷壇享殿（明）
工部工程做法則例（清）
工部工程做法則例（清）

唐宋（辽）元明清斗拱之比较（二）

山西大同云冈石窟中部第八洞浮雕斗拱（北魏）

山西太原天龙山石窟斗拱（北齐）

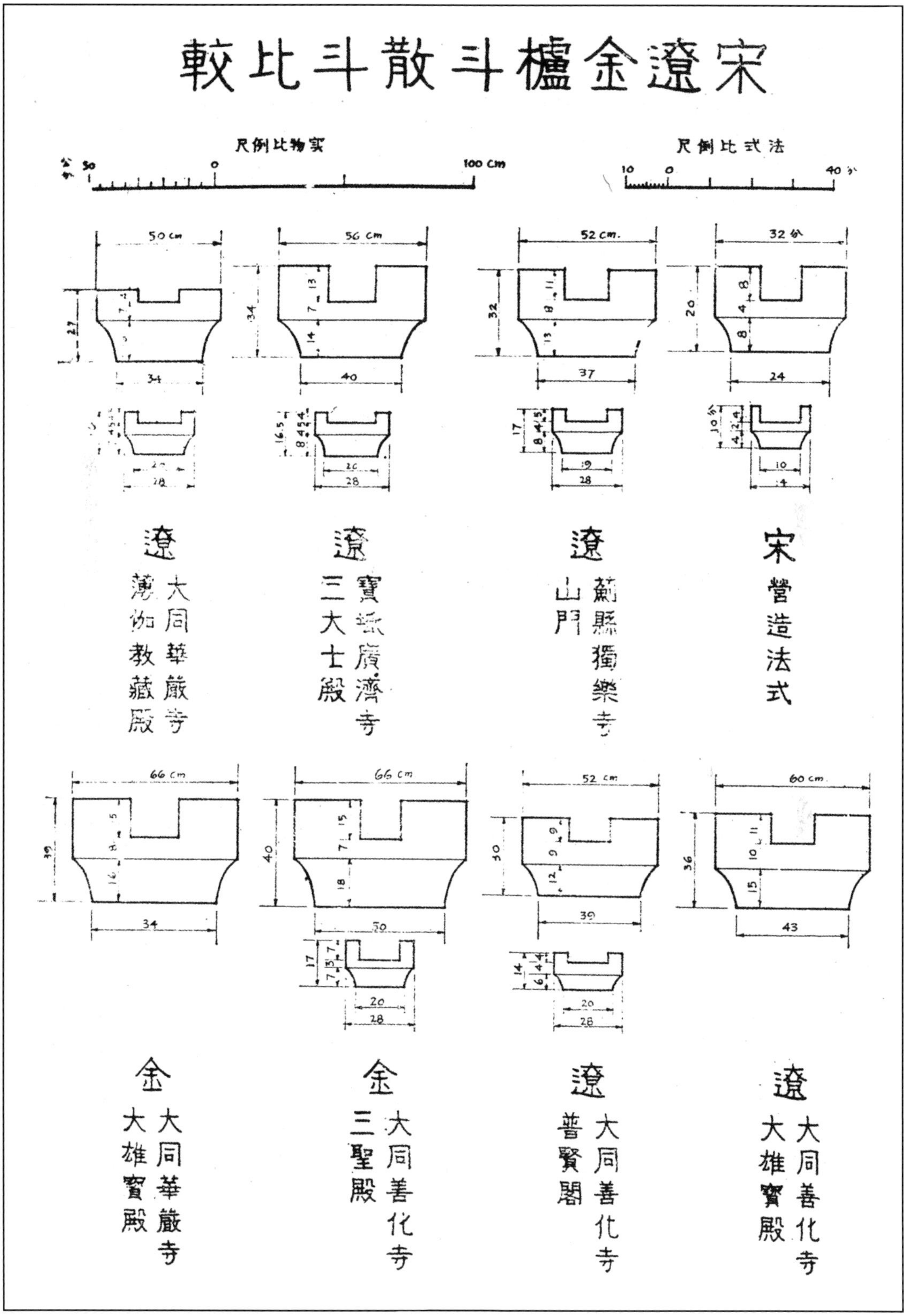
宋遼金櫨斗散斗比較
實物比例尺
法式比例尺
遼 大同華嚴寺薄伽教藏殿
遼 寶坻廣濟寺三大士殿
遼 薊縣獨樂寺山門
宋 營造法式
金 大同華嚴寺大雄寶殿
金 大同善化寺三聖殿
遼 大同善化寺普賢閣
遼 大同善化寺大雄寶殿

宋辽金栌斗、散斗比较

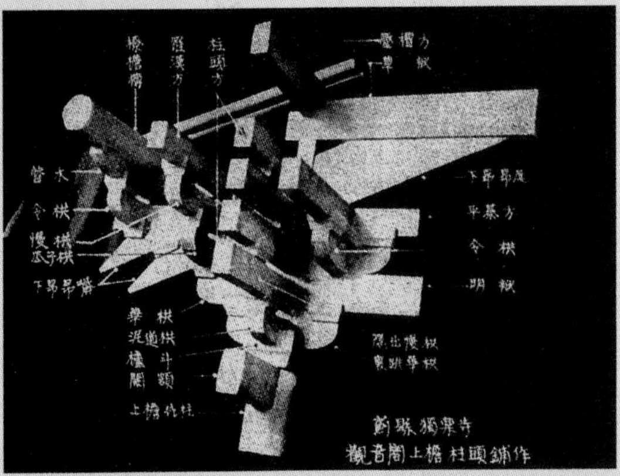

天津独乐寺观音阁斗拱模型

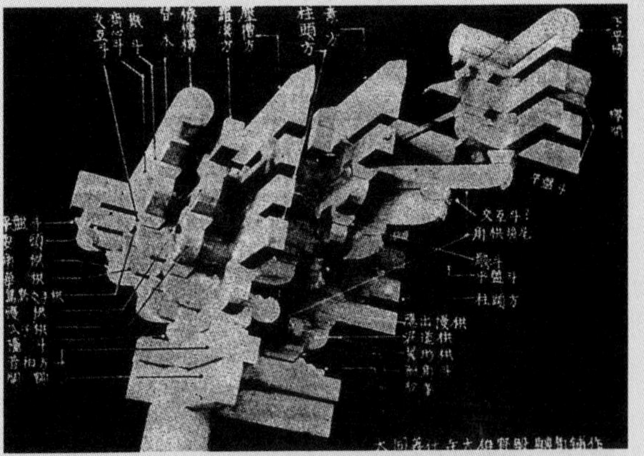

山西大同善化寺大雄宝殿斗拱模型

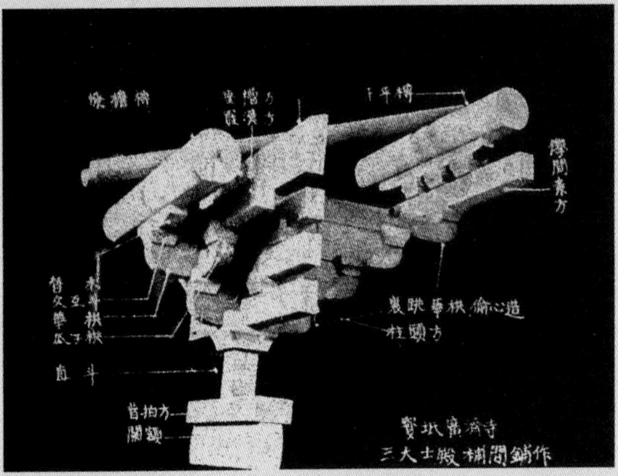

天津宝坻广济寺三大士殿斗拱模型（一）

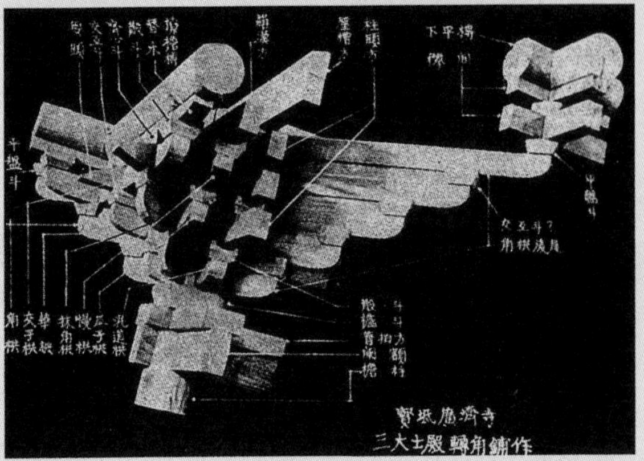

天津宝坻广济寺三大士殿斗拱模型（二）

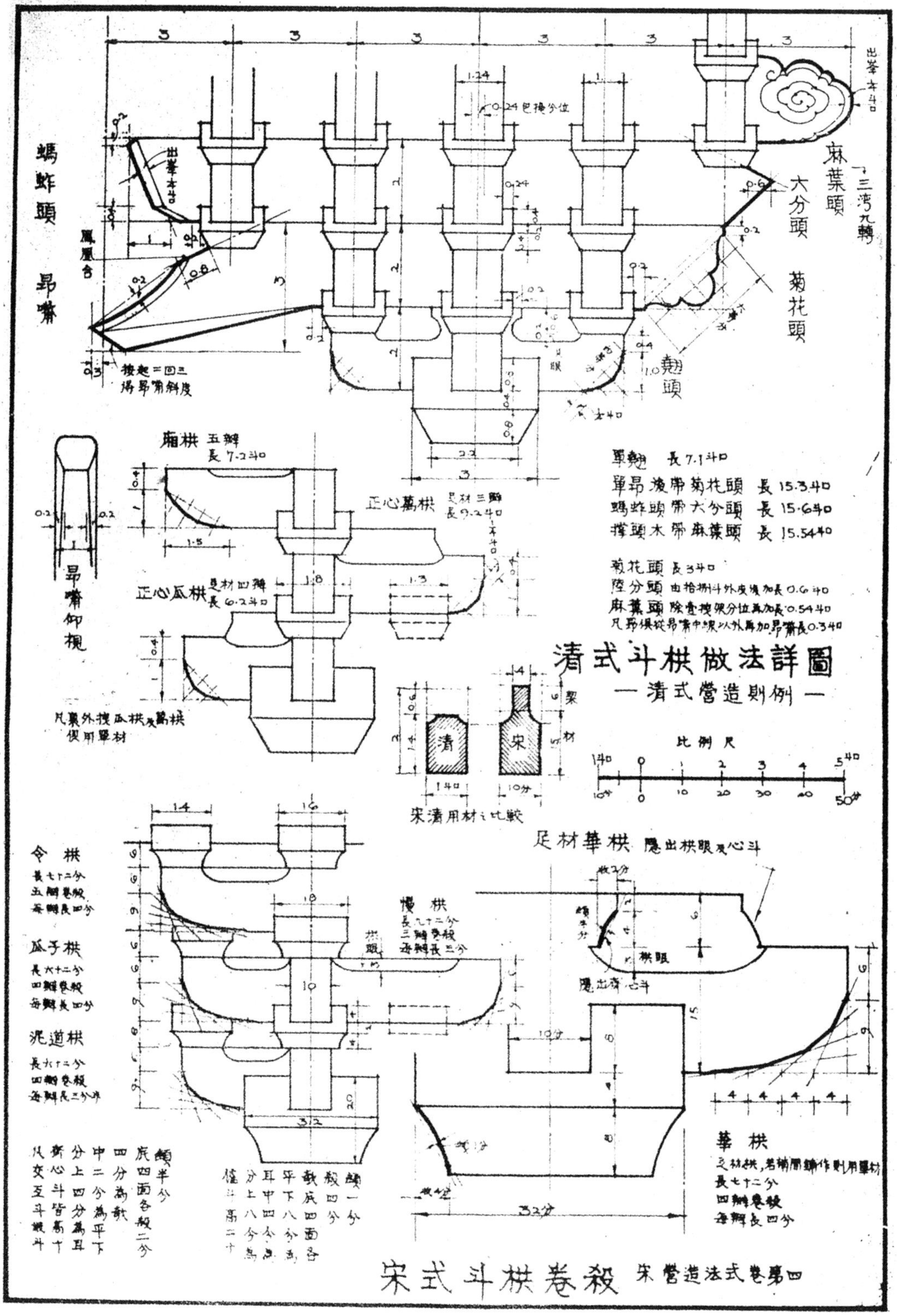
清式斗栱做法詳圖
— 清式營造則例 —
單翹 長7.1斗口
單昂後帶菊花頭 長15.3斗口
螞蚱頭帶六分頭 長15.6斗口
撑頭木帶麻葉頭 長15.54斗口
菊花頭 長3斗口
陸分頭 由拾栱斗外皮積加長0.6斗口
麻葉頭 除壹拽架分位再加長0.54斗口
凡昂俱從昂嘴中線以外再加昂嘴長0.3斗口
比例尺
宋清用材之比較
宋式斗栱卷殺 宋營造法式卷第四
令栱
瓜子栱
泥道栱
慢栱
華栱
足材華栱 隱出栱眼及心斗

宋式及清式斗拱

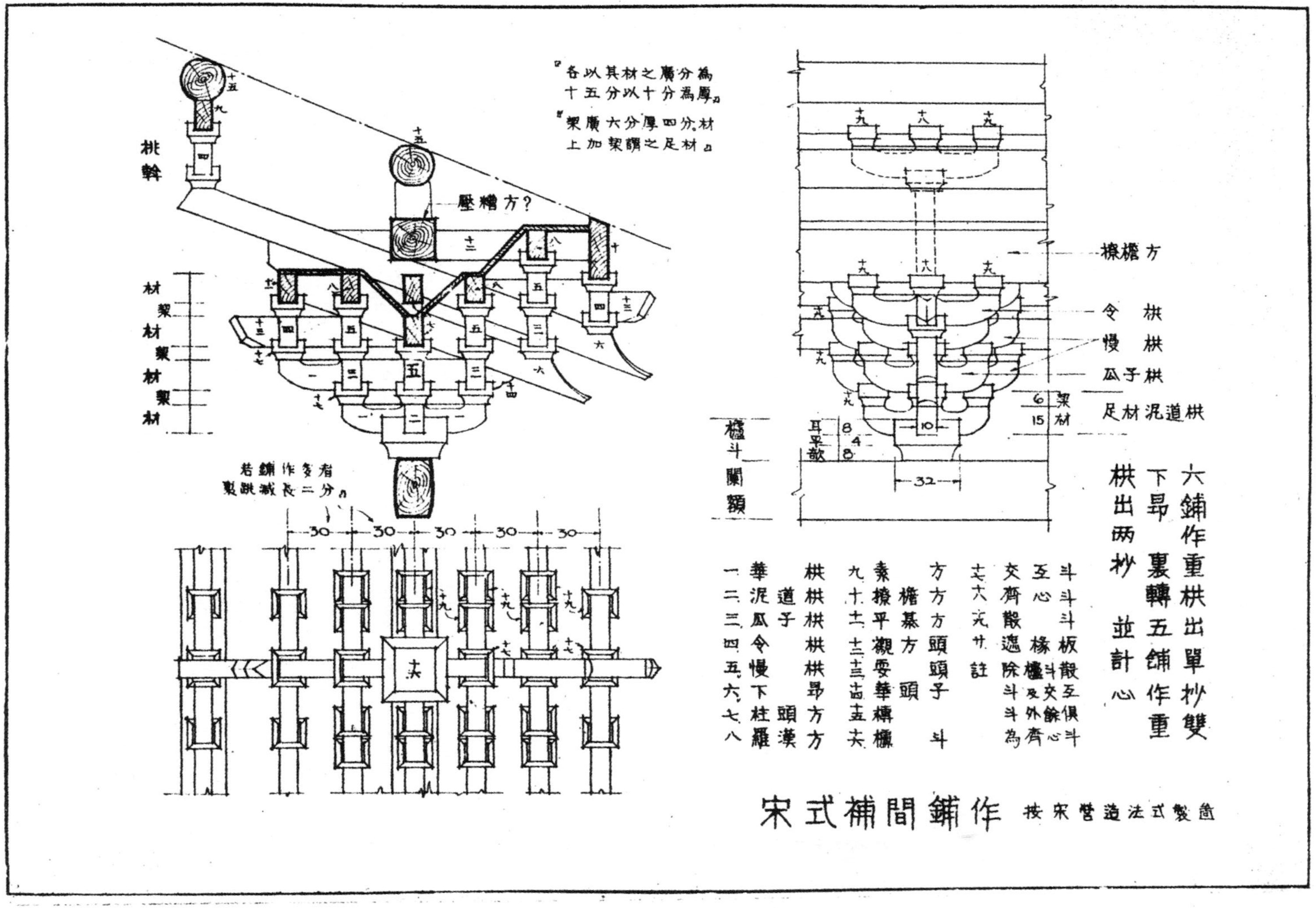
宋式補間鋪作
按宋營造法式製繪
六鋪作重栱出單抄雙下昂裏轉五鋪作重栱出兩抄並計心
『各以其材之廣分爲十五分以十分爲厚』
『栔廣六分厚四分材上加栔謂之足材』
挑斡
壓槽方？
若鋪作多者裏跳減長二分』
橑檐方
令栱
慢栱
瓜子栱
足材泥道栱
櫨斗
闌額
材
栔

宋式斗拱

江苏苏州玄妙观三清殿斗拱（宋）

江苏苏州玄妙观三清殿斗拱（宋）

江苏吴县保圣寺斗拱（宋）

河北正定文庙大成殿斗拱（宋）

山西应县佛宫寺塔斗拱（辽）

天津独乐寺观音阁斗拱（辽）

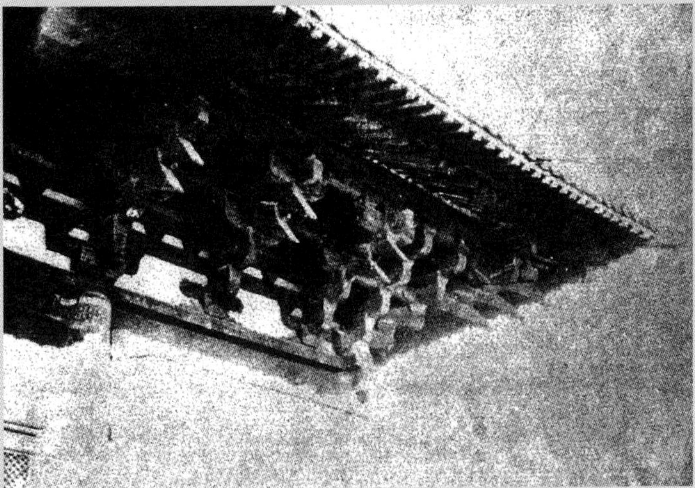

辽宁义县奉国寺大殿斗拱（辽）

天津宝坻广济寺三大士殿斗拱（辽）

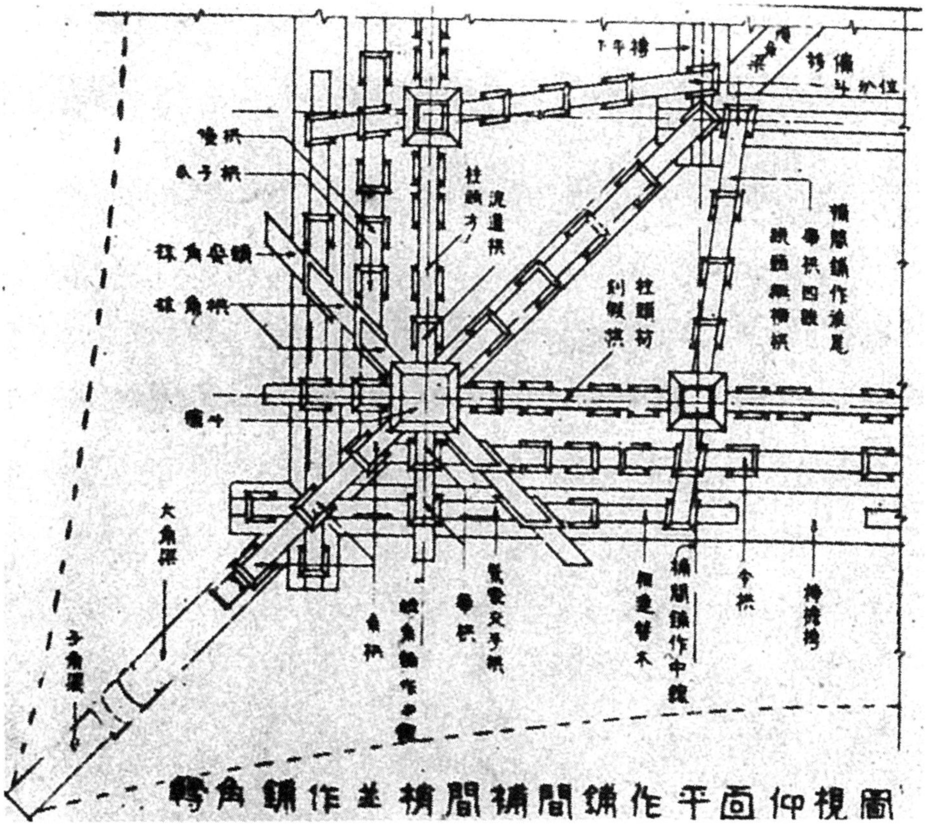

天津宝坻广济寺三大士殿斗拱平面仰视图（辽）

山西大同华严寺薄伽教藏殿经橱斗拱（辽）

山西应县佛宫寺塔斗拱（辽）

山西大同华严寺大雄宝殿斗拱后尾

河北正定阳和楼斗拱（元）

河北曲阳北岳庙德宁殿斗拱（元）

河北曲阳北岳庙德宁殿内部斗拱（元）

北京昌平明长陵祾恩殿斗拱（明）

北京社稷坛享殿斗拱（明）

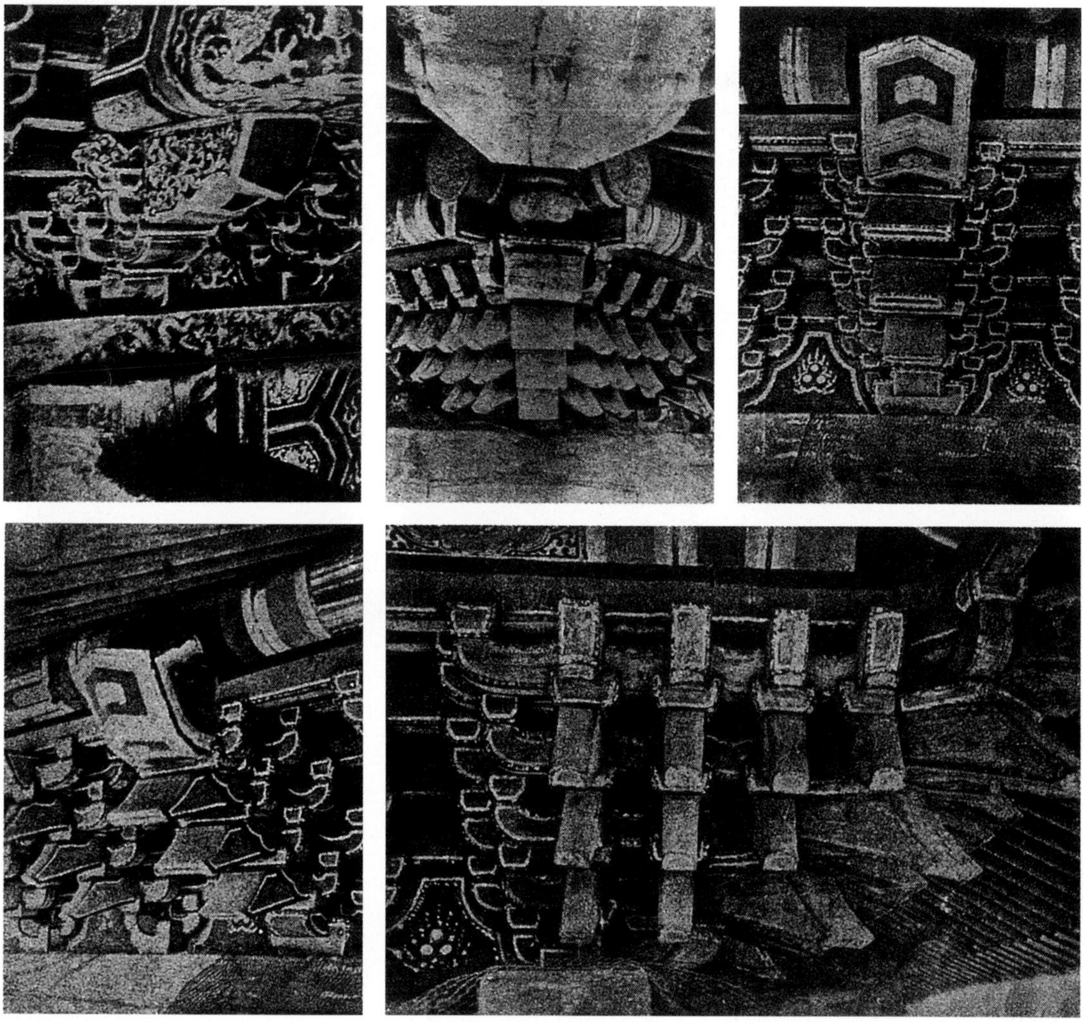

北京故宫太和殿斗拱（清）

清式如意斗拱

清式一斗三升

清式一斗二升交麻叶云

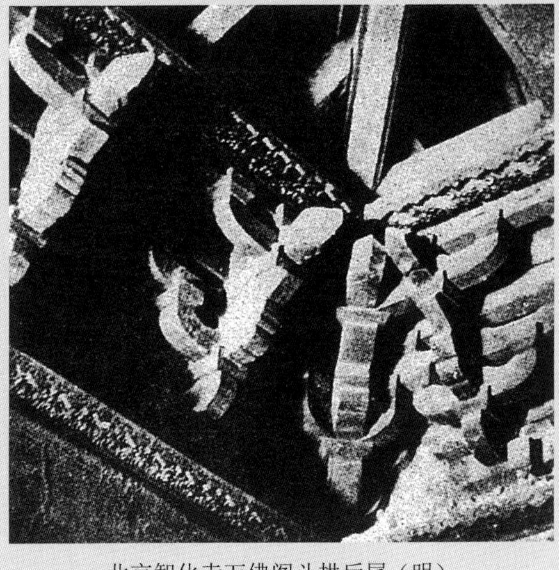

北京智化寺万佛阁斗拱后尾（明）

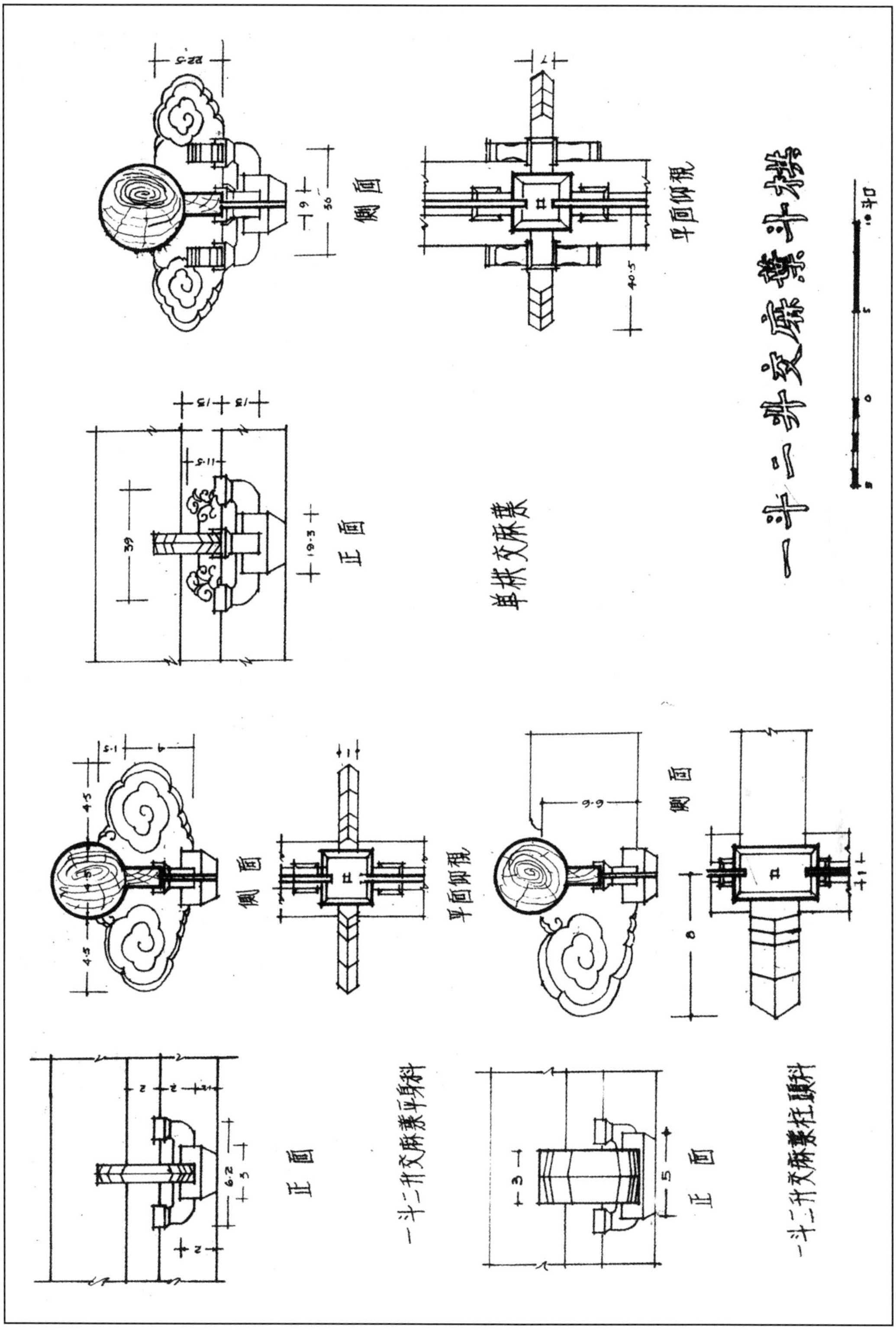

清式一斗二升交麻叶斗拱

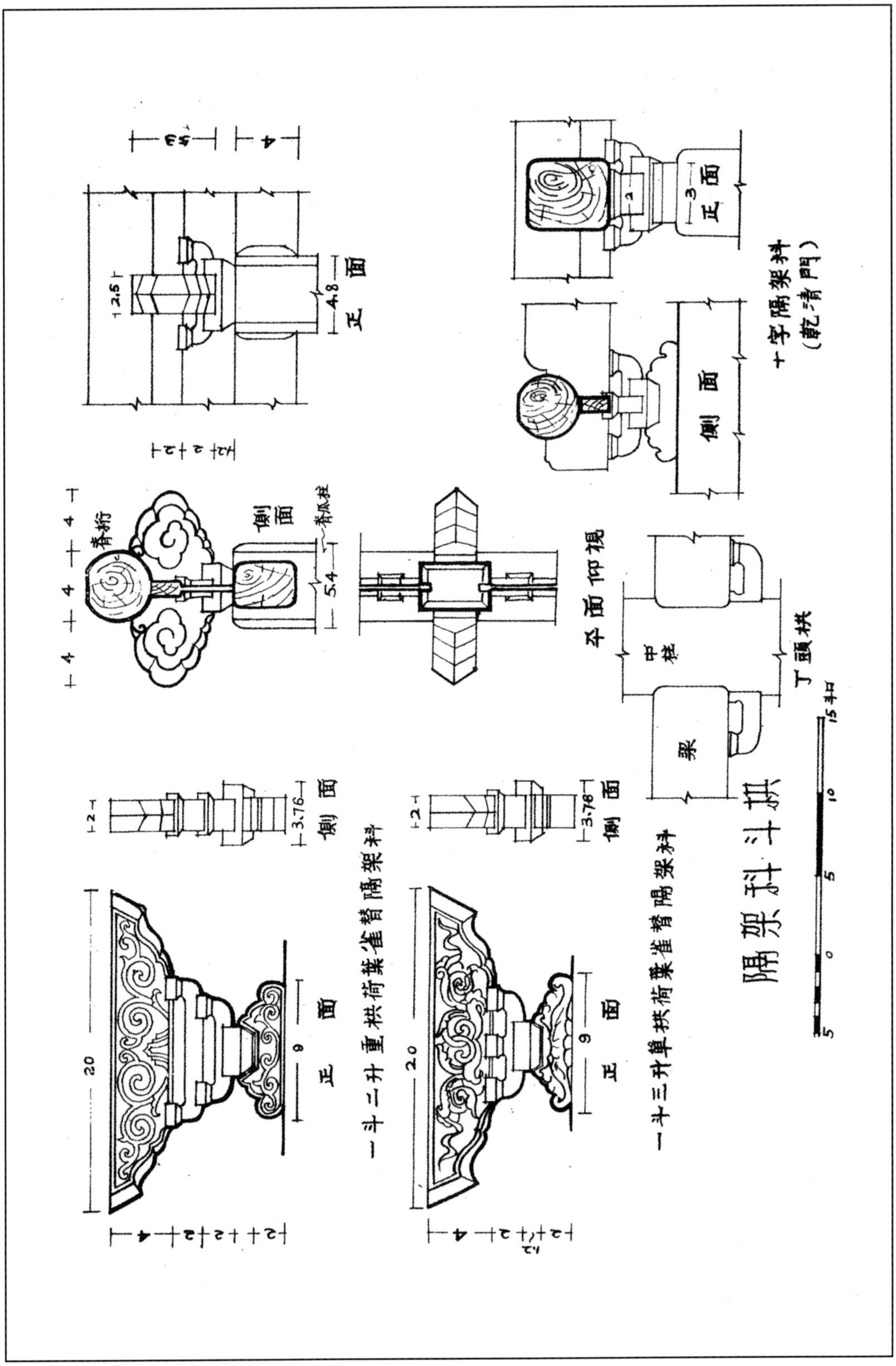
隔架科斗拱
一斗二升重拱荷葉雀替隔架科
一斗三升单拱荷葉雀替隔架科
十字隔架科
(乾清門)
正面
側面
平面仰視
丁頭拱
青桁
中柱
梁

清式隔架科斗拱

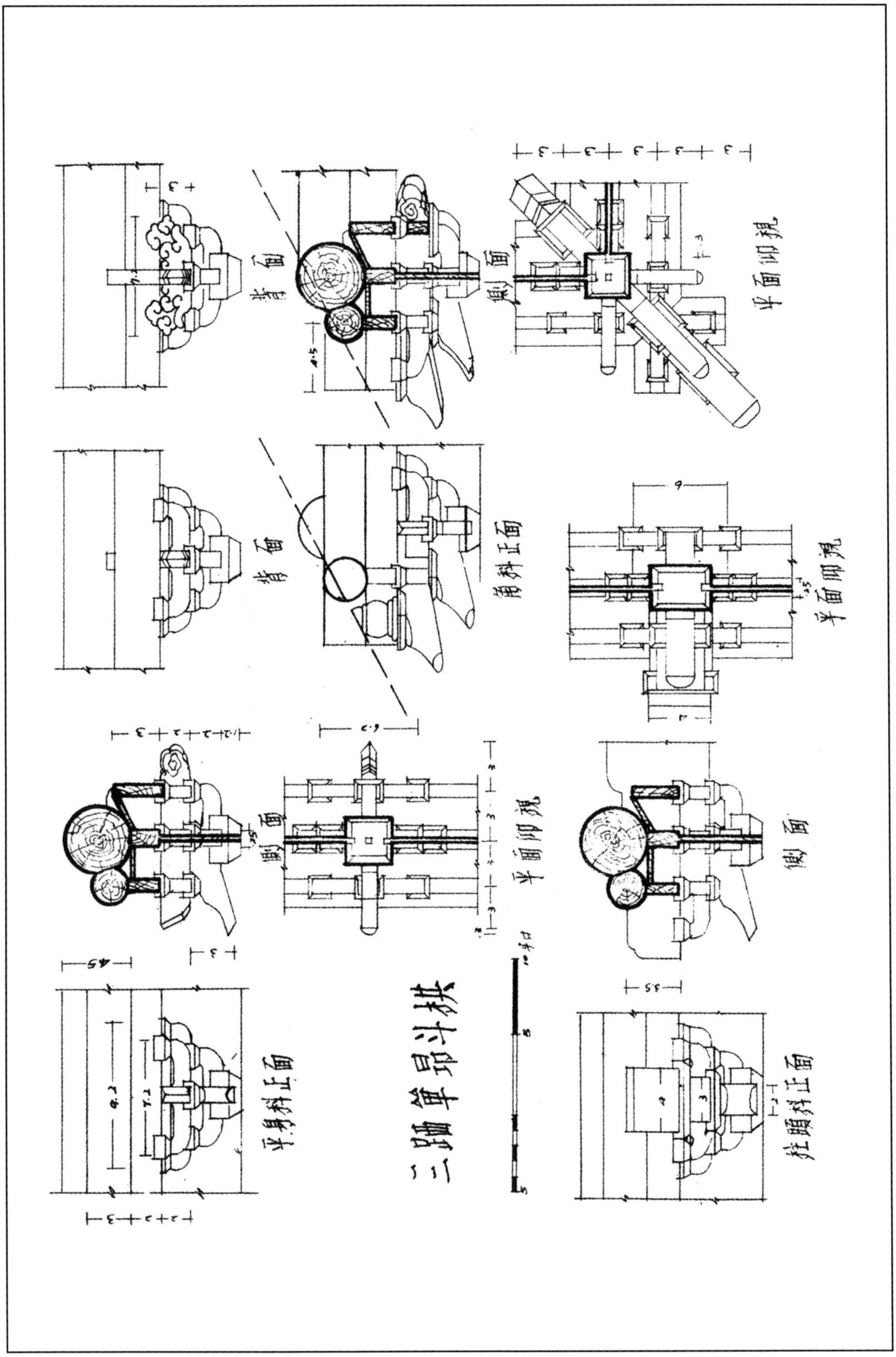

清式三踩单昂斗拱

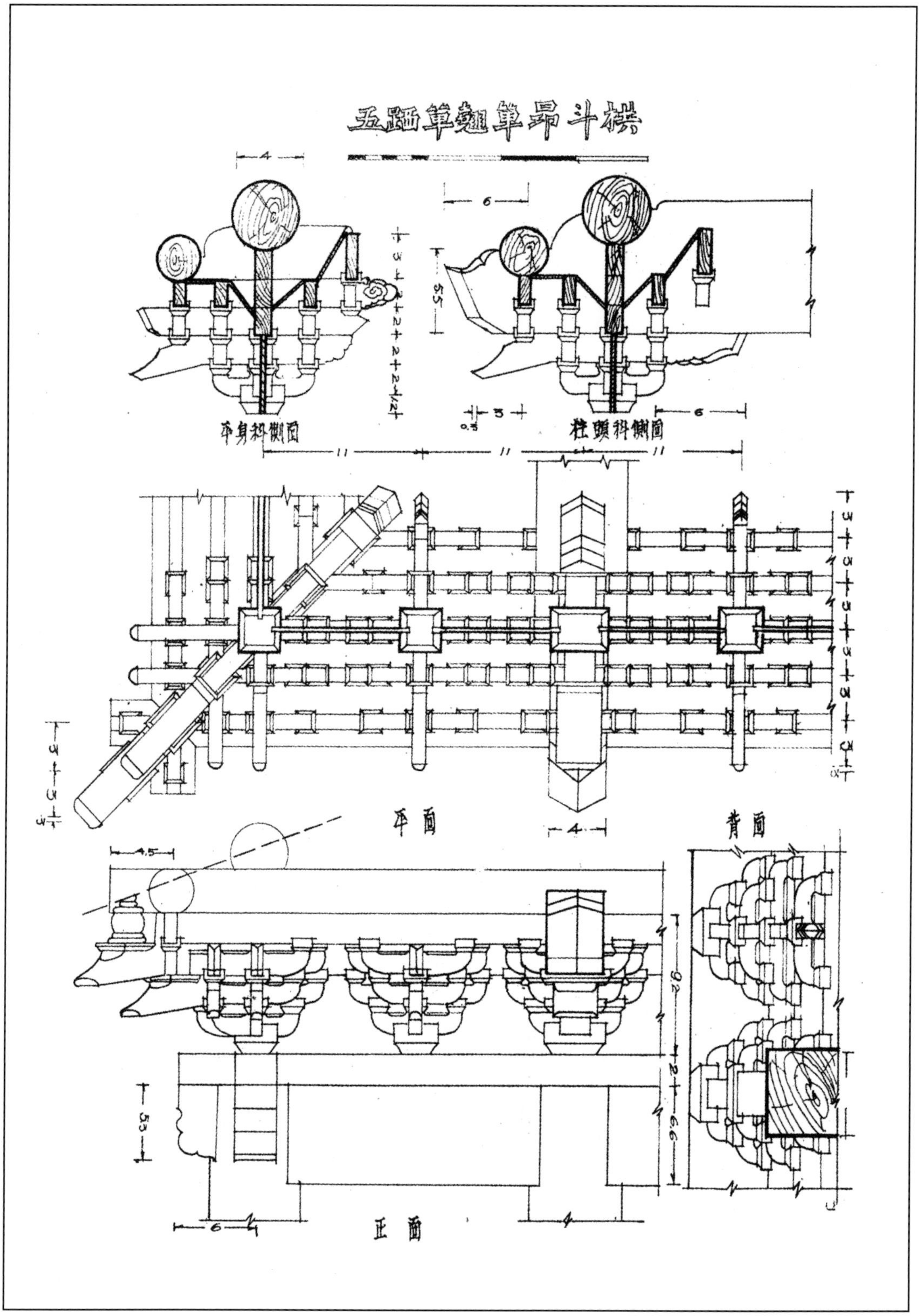

清式五踩单翘单昂斗拱

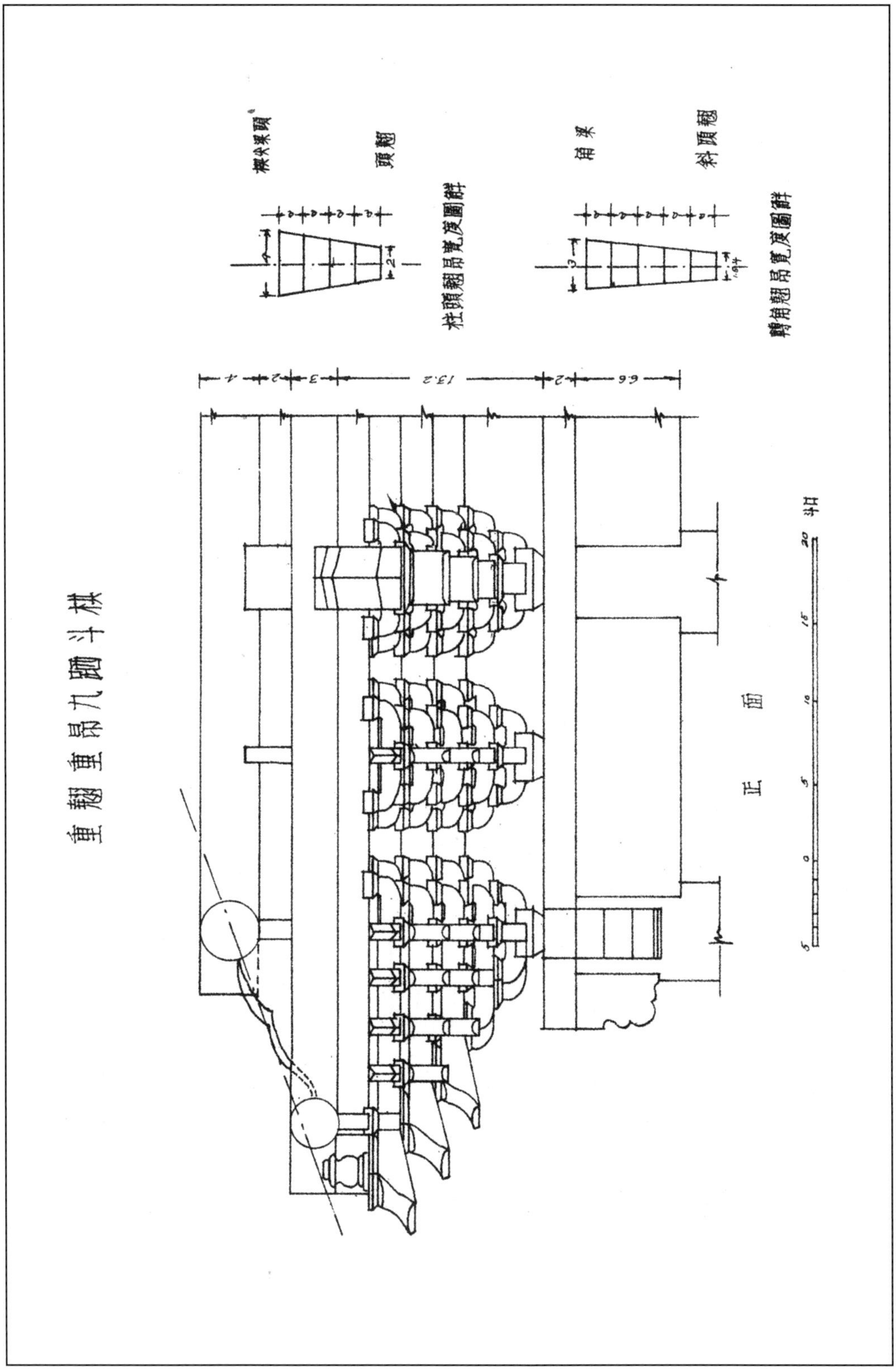

清式重翘重昂九踩斗拱

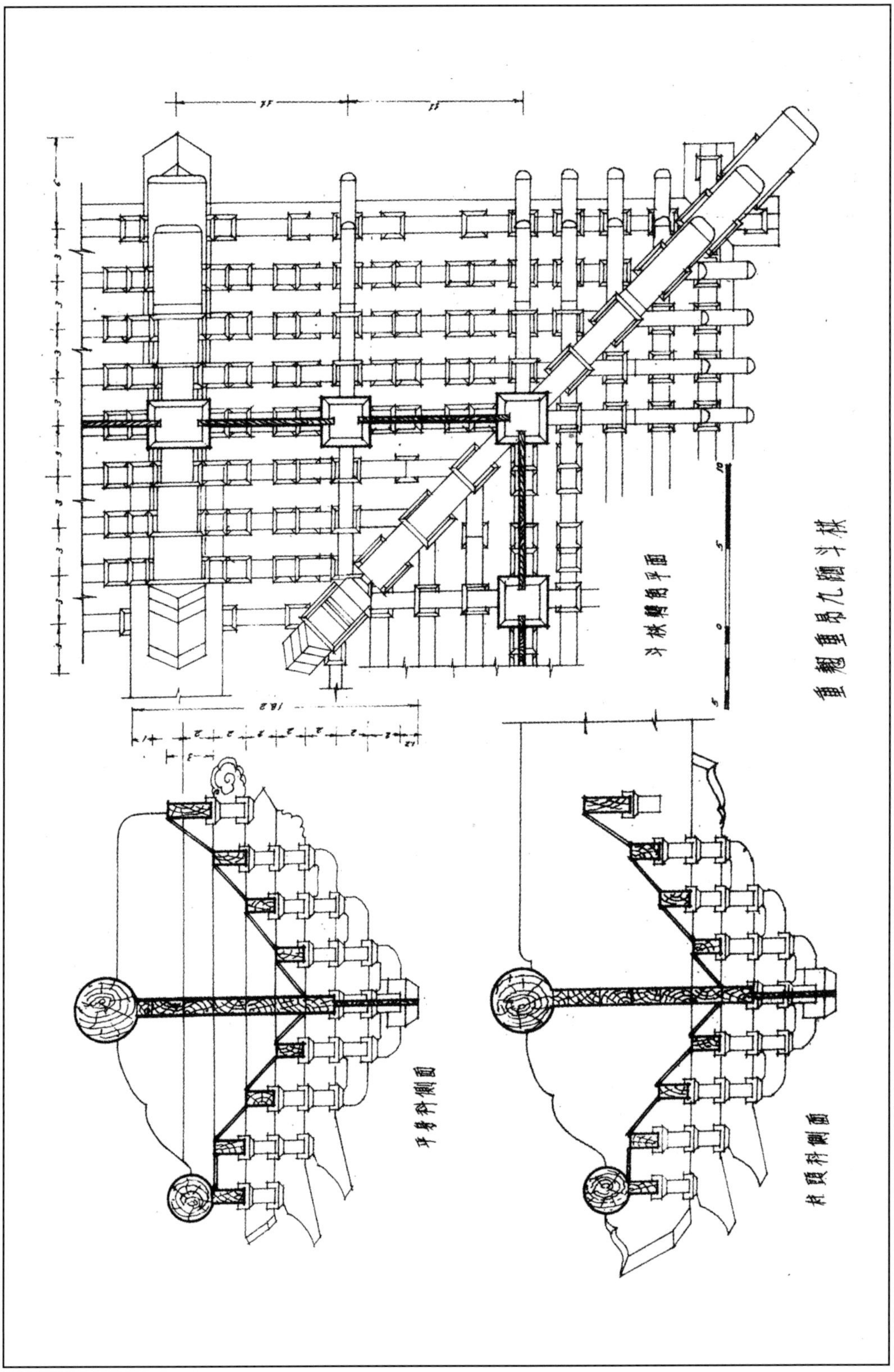

清式重翘重昂九踩斗拱

五踩溜金斗栱

⑦ 桁椀後尾帶麻葉尾
⑧ 撑頭木後尾帶杆杆
⑨ 螞蚱頭後尾帶六分頭
⑩ 昂平後尾接和蕉頭

⑪ 昂後尾帶六分頭
⑫ 老童斗栱
⑬ 頭翹

側面圖
（錄自参考圖集）

① 頭翹耍頭
② 三幅雲頭
③ 麻葉平頭
④ 覆蓮撑頭
⑤ 三岔童頭
⑥ 老童斗坊

側面圖
（根據工程做法
卷二十三）

平面圖

清式五踩溜金斗栱

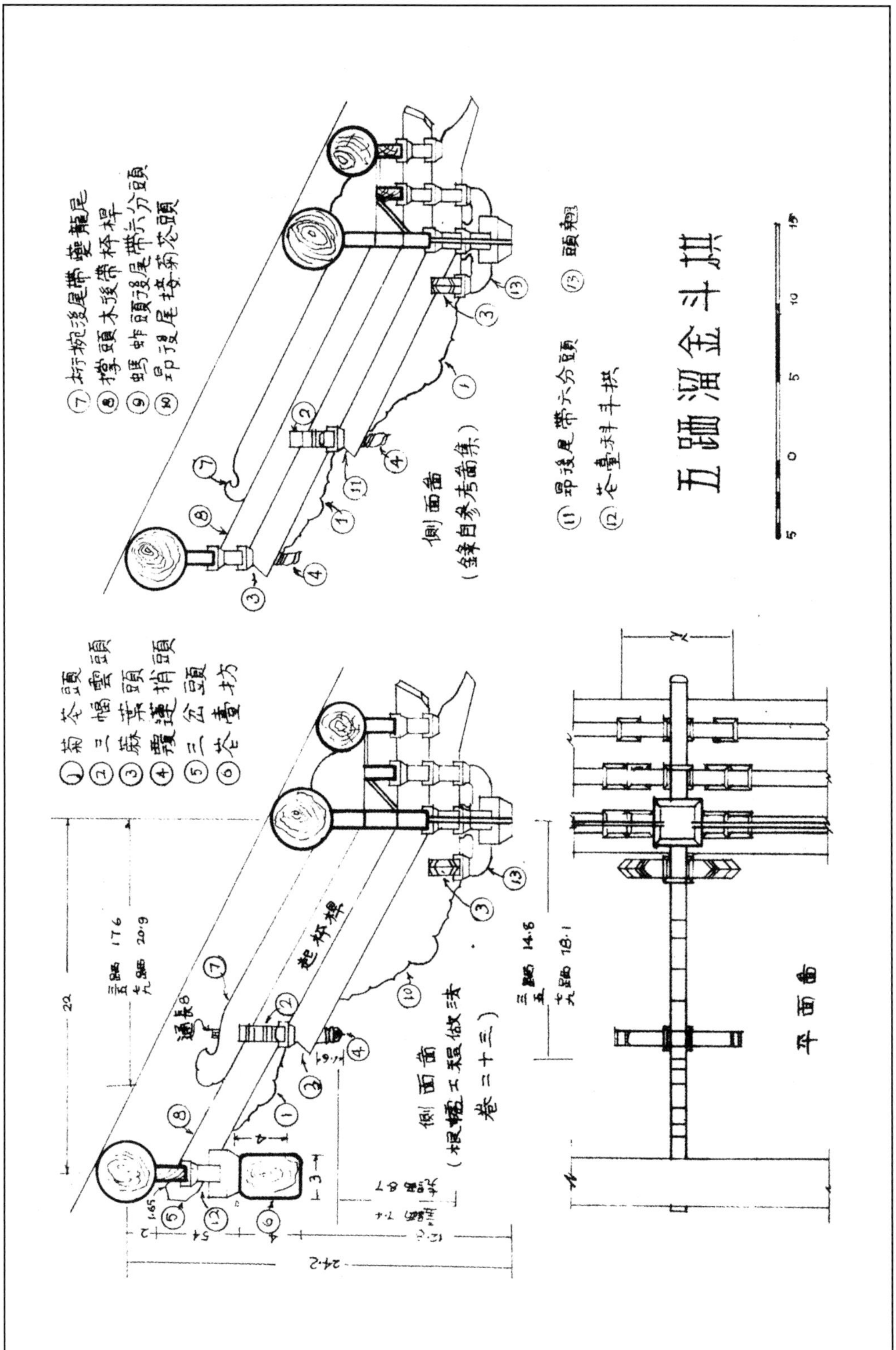

二十、雀替

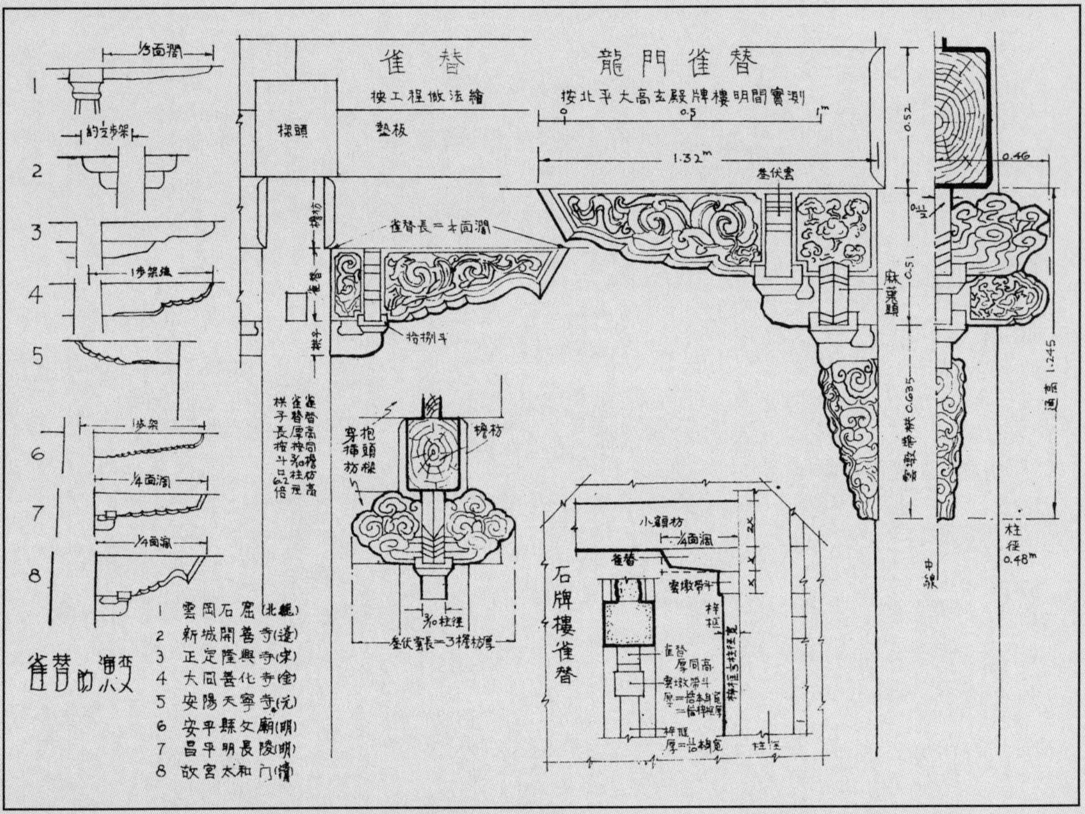
雀替
按工程做法繪
龍門雀替
按北平大高玄殿牌樓明間實測
0.5
1.32m
0.52
0.46
0.51
1.245
柱徑 0.48m
中線
雀替長＝¼面濶
墊板
小額枋
石牌樓雀替
雀替的演变
1 雲岡石窟(北魏)
2 新城開善寺(遼)
3 正定隆興寺(宋)
4 大同善化寺(金)
5 安陽天寧寺(元)
6 安平縣文廟(明)
7 昌平明長陵(明)
8 故宮太和门(清)

雀替

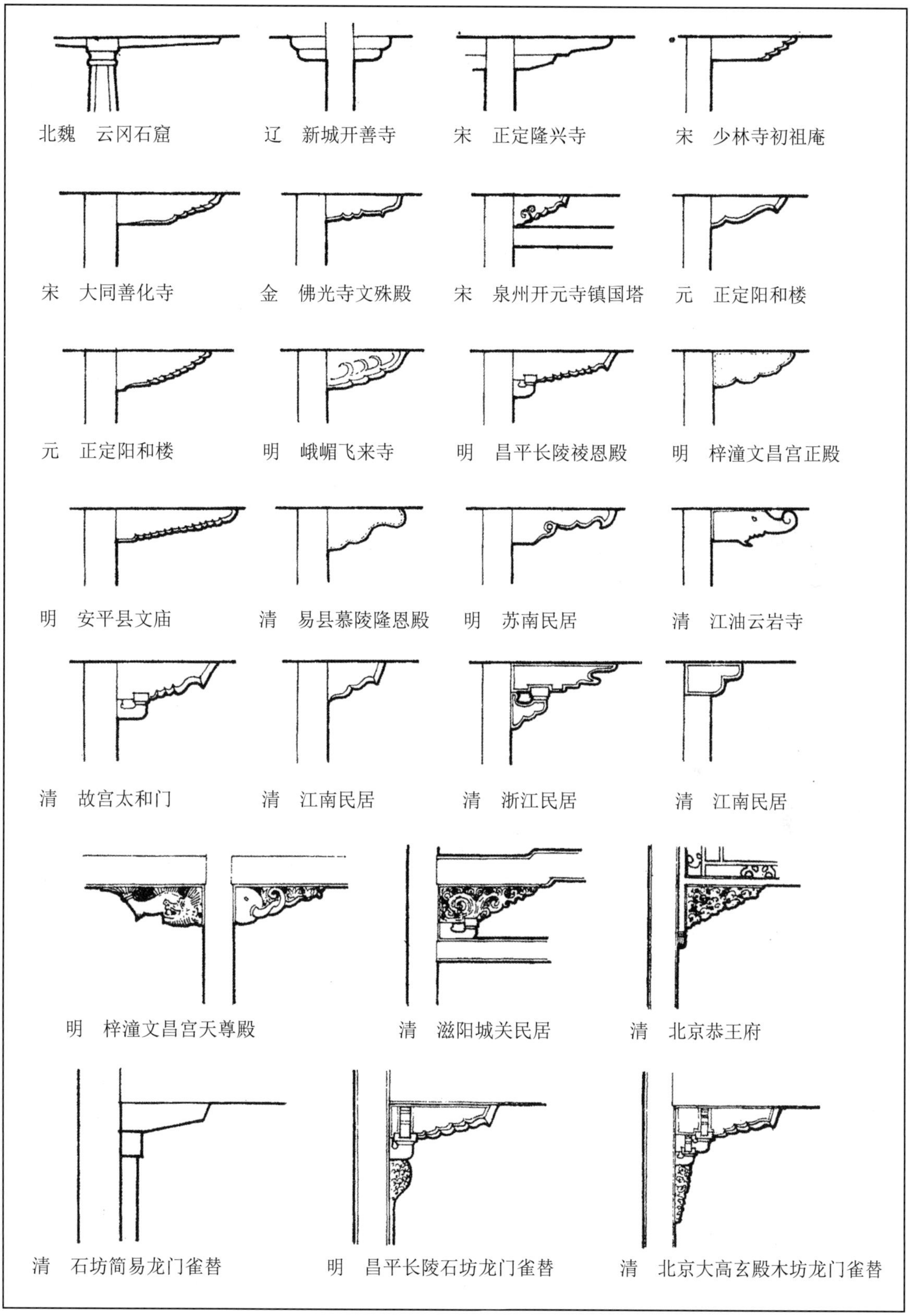
北魏　云冈石窟
辽　新城开善寺
宋　正定隆兴寺
宋　少林寺初祖庵
宋　大同善化寺
金　佛光寺文殊殿
宋　泉州开元寺镇国塔
元　正定阳和楼
元　正定阳和楼
明　峨嵋飞来寺
明　昌平长陵祾恩殿
明　梓潼文昌宫正殿
明　安平县文庙
清　易县慕陵隆恩殿
明　苏南民居
清　江油云岩寺
清　故宫太和门
清　江南民居
清　浙江民居
清　江南民居
明　梓潼文昌宫天尊殿
清　滋阳城关民居
清　北京恭王府
清　石坊简易龙门雀替
明　昌平长陵石坊龙门雀替
清　北京大高玄殿木坊龙门雀替

历代绰幕枋（雀替）及花芽子示例
（整理者编）

河北正定隆兴寺转轮藏殿绰幕枋（宋）

河南济源济渎庙龙亭绰幕枋及蝉肚（元）

河北安平文庙大成殿雀替（明）

北京大高玄殿龙门雀替（明）

北京故宫保和殿雀替（明）

二十一、门窗

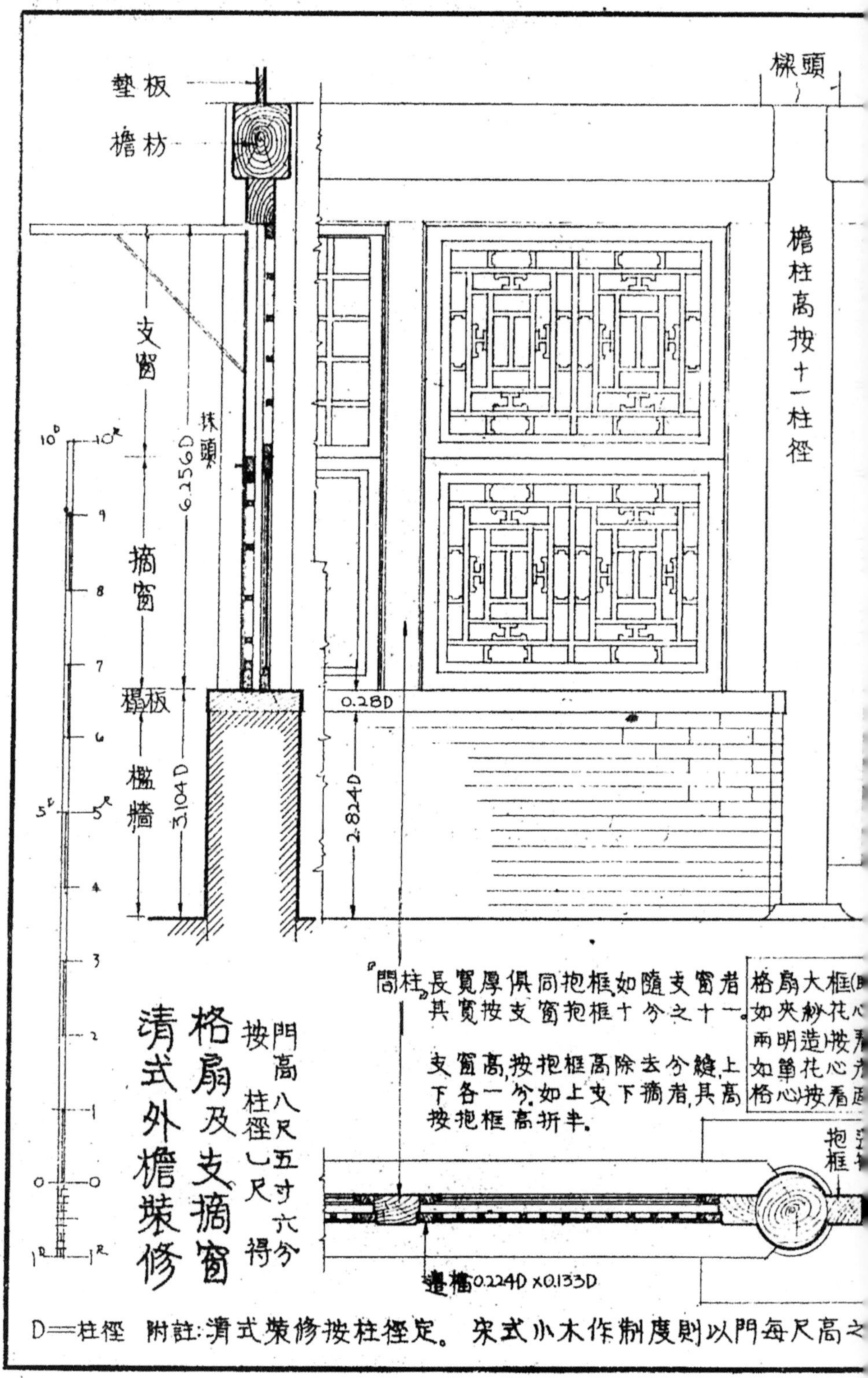

宋式及清式门窗装修

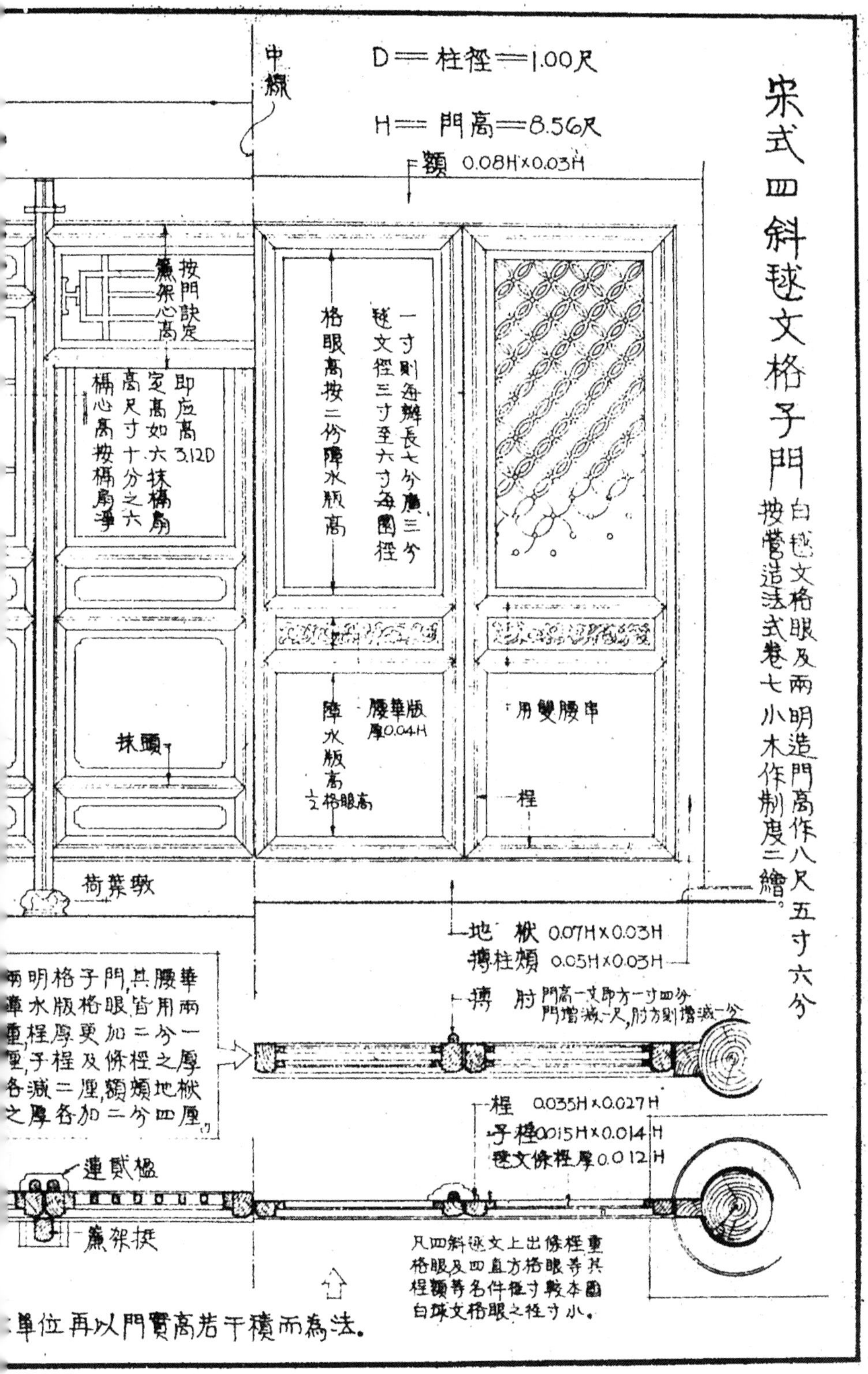
宋式四斜毬文格子門
白毬文格眼及兩明造門高作八尺五寸六分
按營造法式卷七小木作制度繪。
D＝柱徑＝1.00尺
H＝門高＝8.56尺
中線
額 0.08H×0.03H
按門訣定簾架心高
即应高3.12D
定高如六抹槅扇高尺寸十分之六
槅心高按槅扇淨
格眼高按二份障水版高
一寸則每瓣長七分廣三分
毬文徑三寸至六寸每圈徑
腰華版 厚0.04H
障水版高 格眼高
用雙腰串
抹頭
程
荷葉墩
地栿 0.07H×0.03H
槫柱頰 0.05H×0.03H
槫
肘 門高一丈即方一寸四分 門增減一尺,肘方則增減一分
兩明格子門,其腰華障水版格眼皆用兩重,桯厚更加二分一厘,子桯及條桯之厚各減二厘,額頰地栿之厚各加二分四厘。
程 0.035H×0.027H
子桯 0.015H×0.014H
毬文條桯厚 0.012H
連楹
簾架挺
凡四斜毬文上出條桯重格眼及四直方格眼等其桯額等名件徑寸較本圖白毬文格眼之徑寸小。
單位再以門實高若干積而為法。

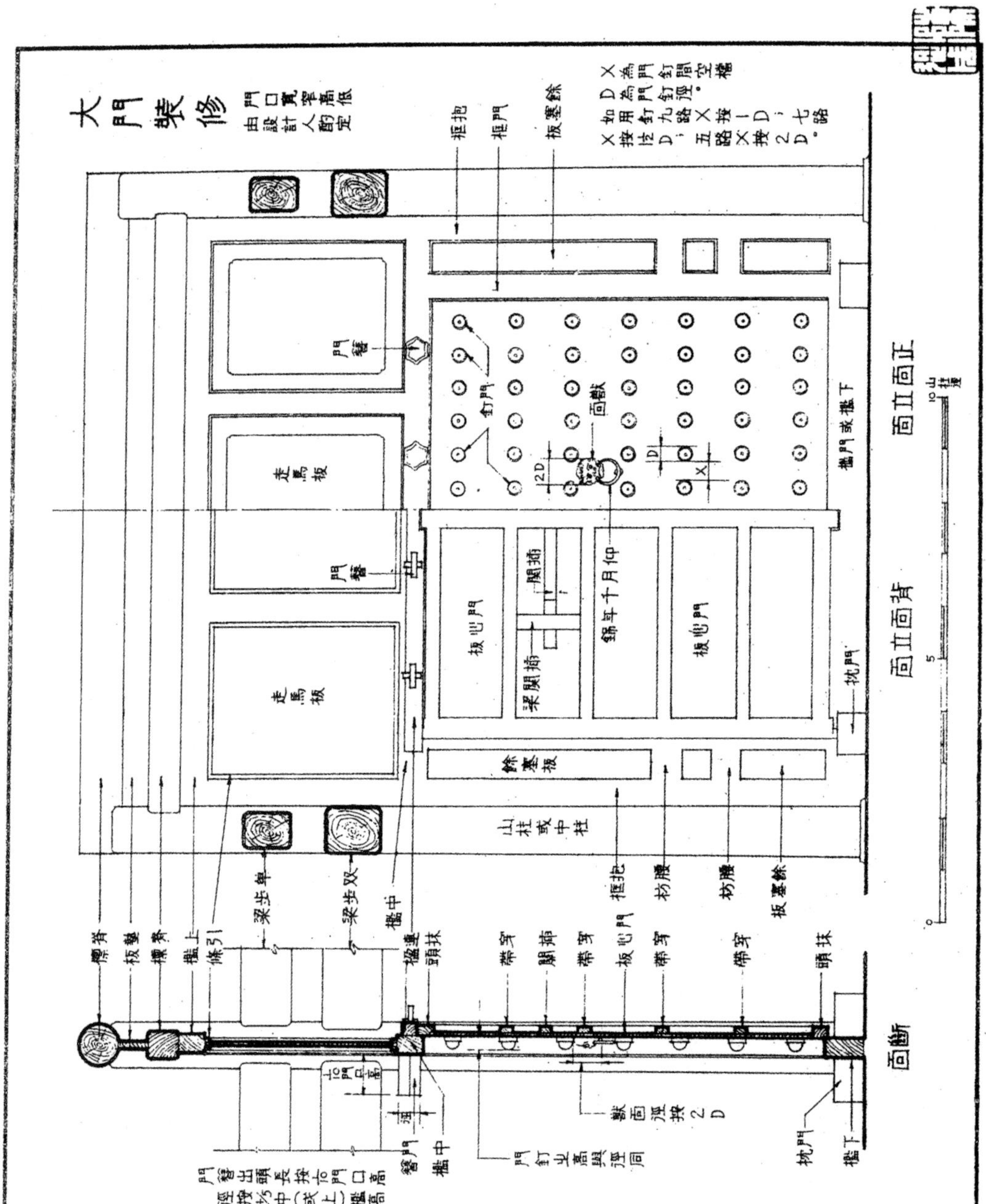

清式大门装修

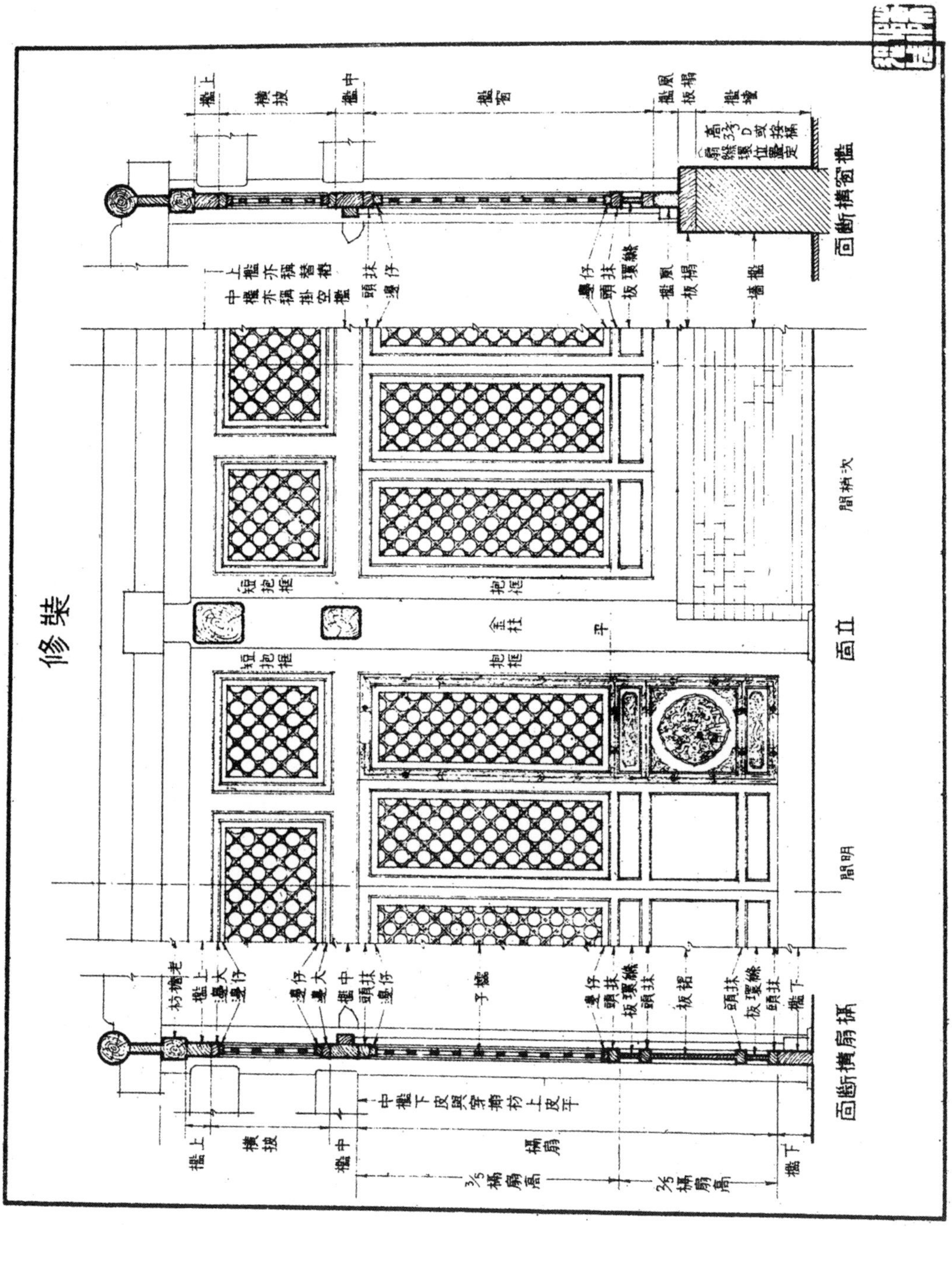

清式装修

河北普寿寺塔门（辽）

北京故宫太和殿隔扇（清）

北京故宫太和殿裙板（清）

北京景山裙板

北京昌平大觉寺裙板

河南登封会善寺净藏禅师塔之窗（唐）

四川成都文殊院网纹隔扇

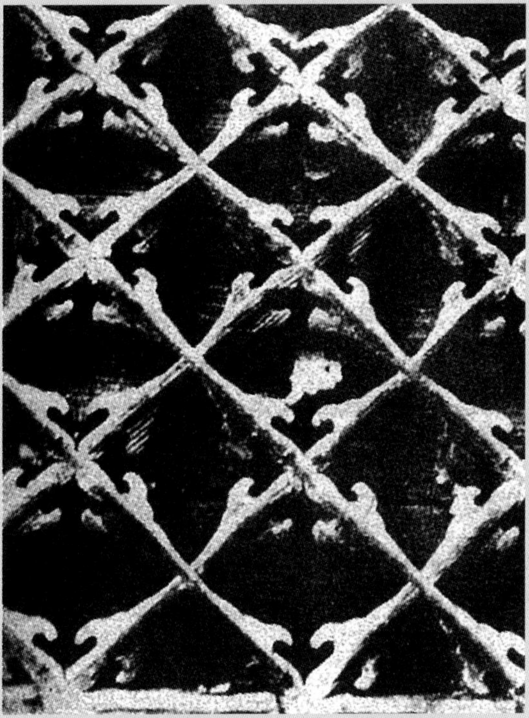

北京智化寺隔扇古老钱菱花（明）

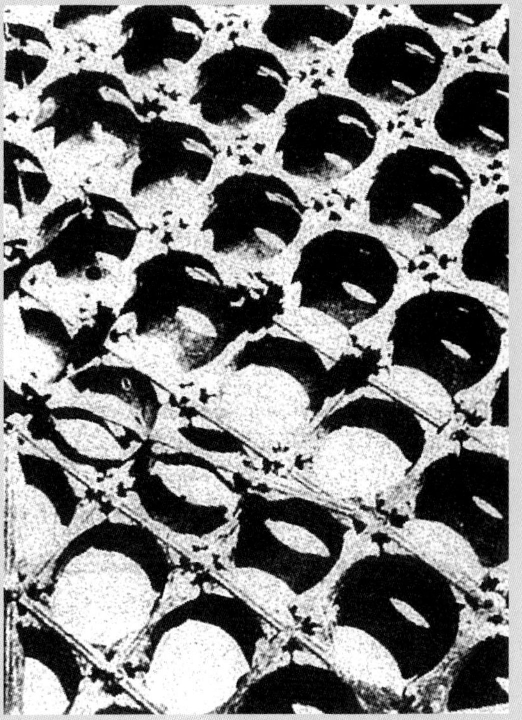

北京南海双交四椀菱花

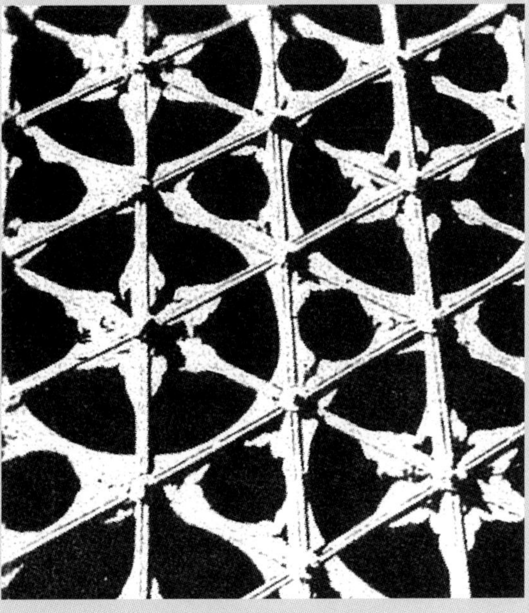

北京中海三交灯球六椀菱花

山西赵城广胜寺双交四椀嵌橄球纹菱花

门窗纹样（一）

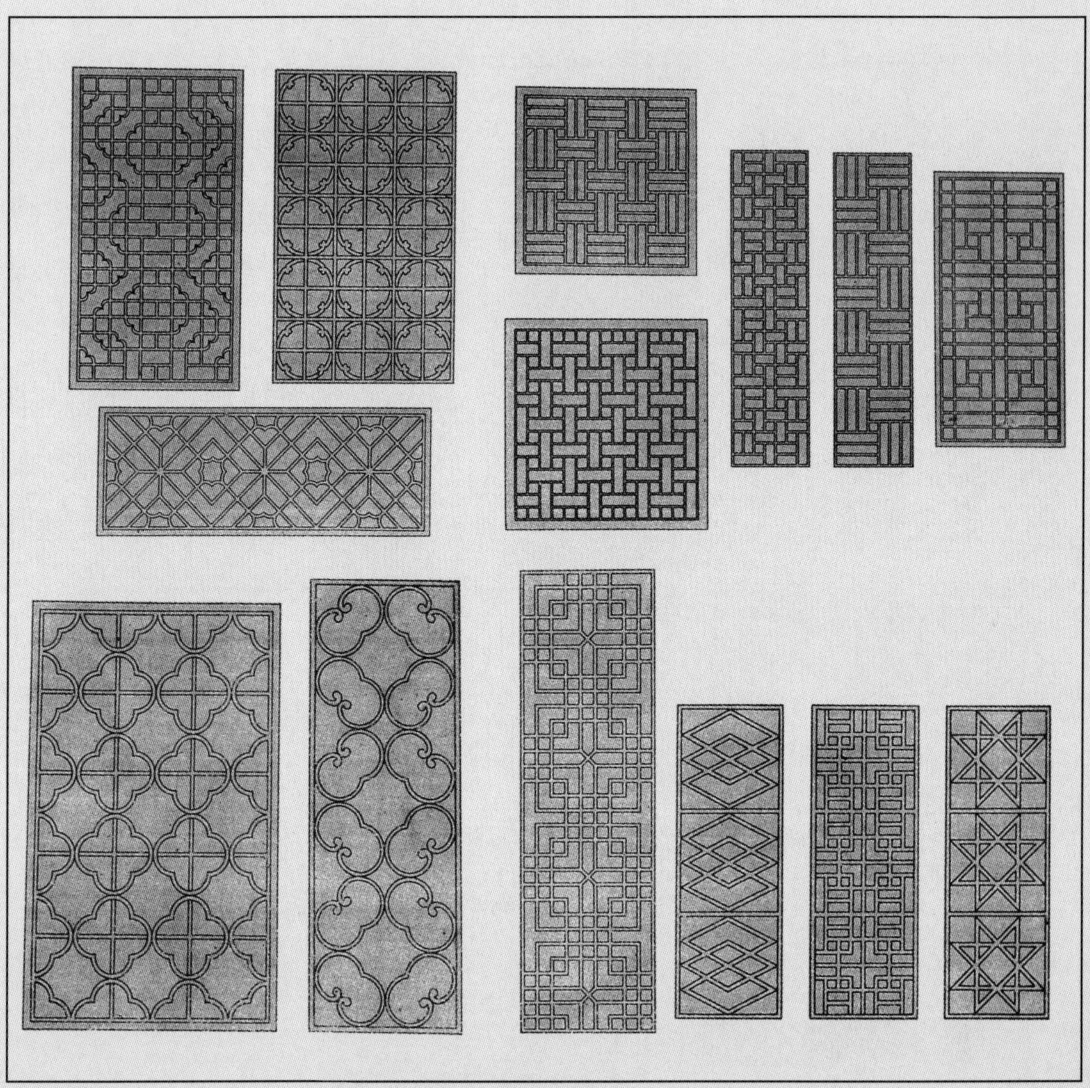

门窗纹样（二）

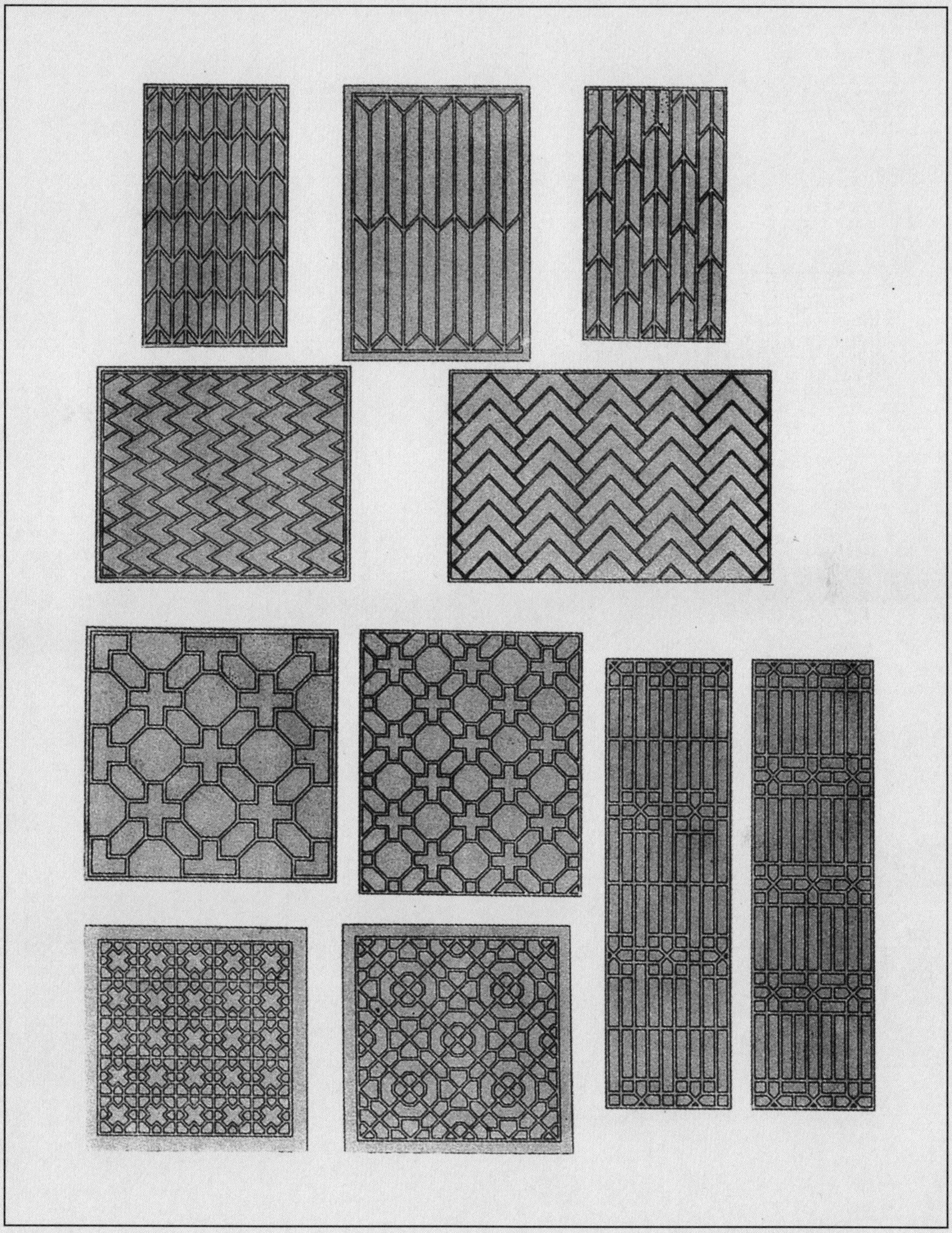

门窗纹样（三）

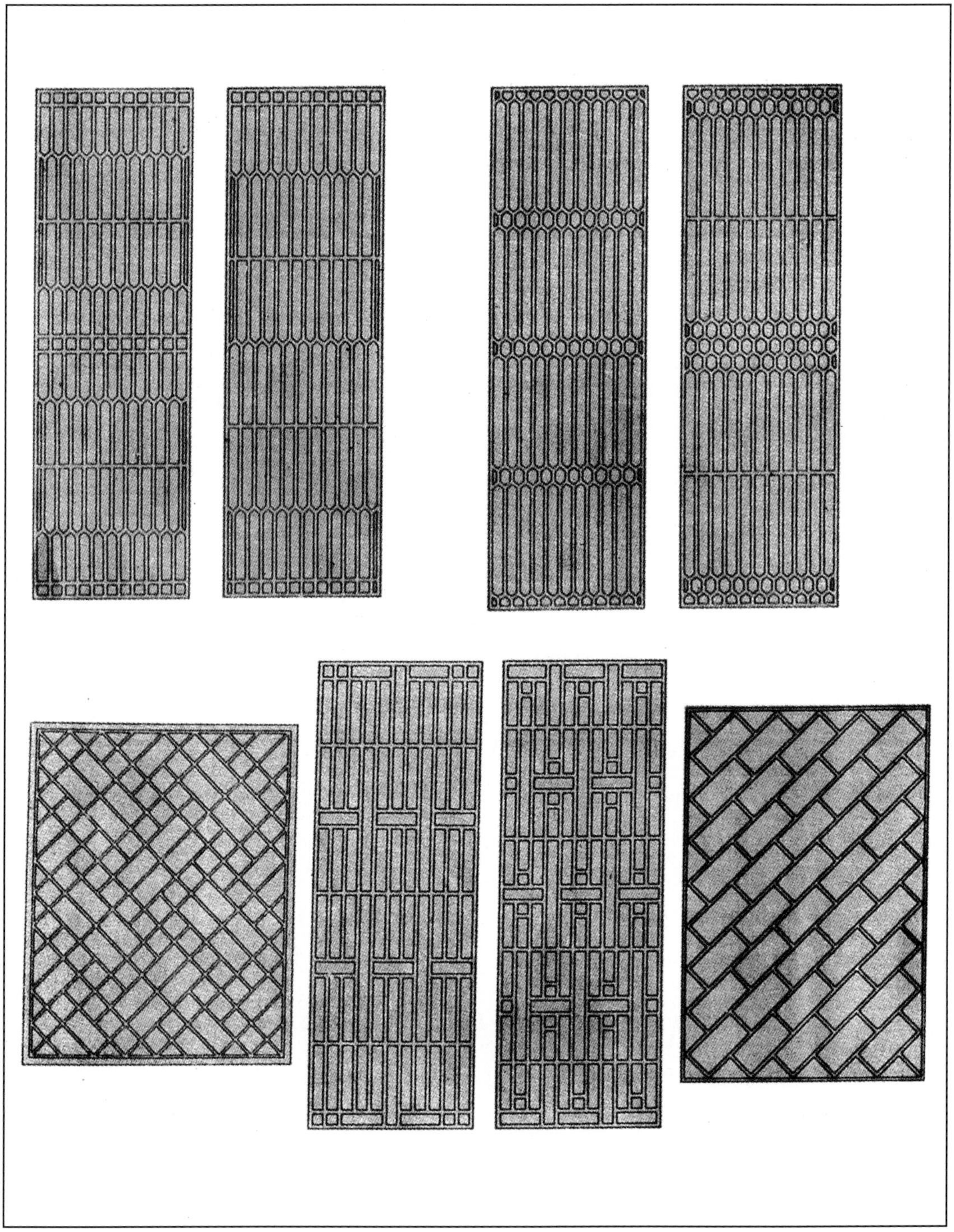

门窗纹样（四）

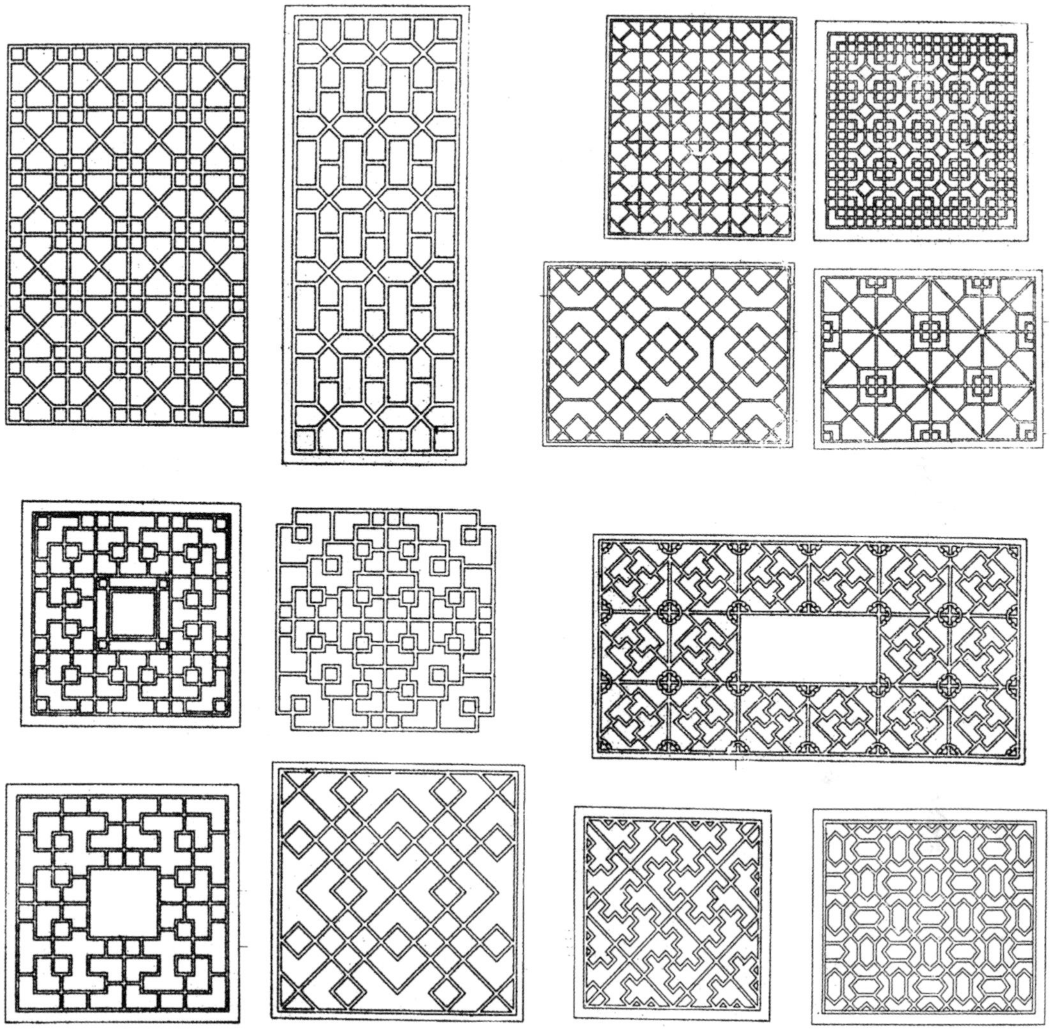

门窗纹样（五）

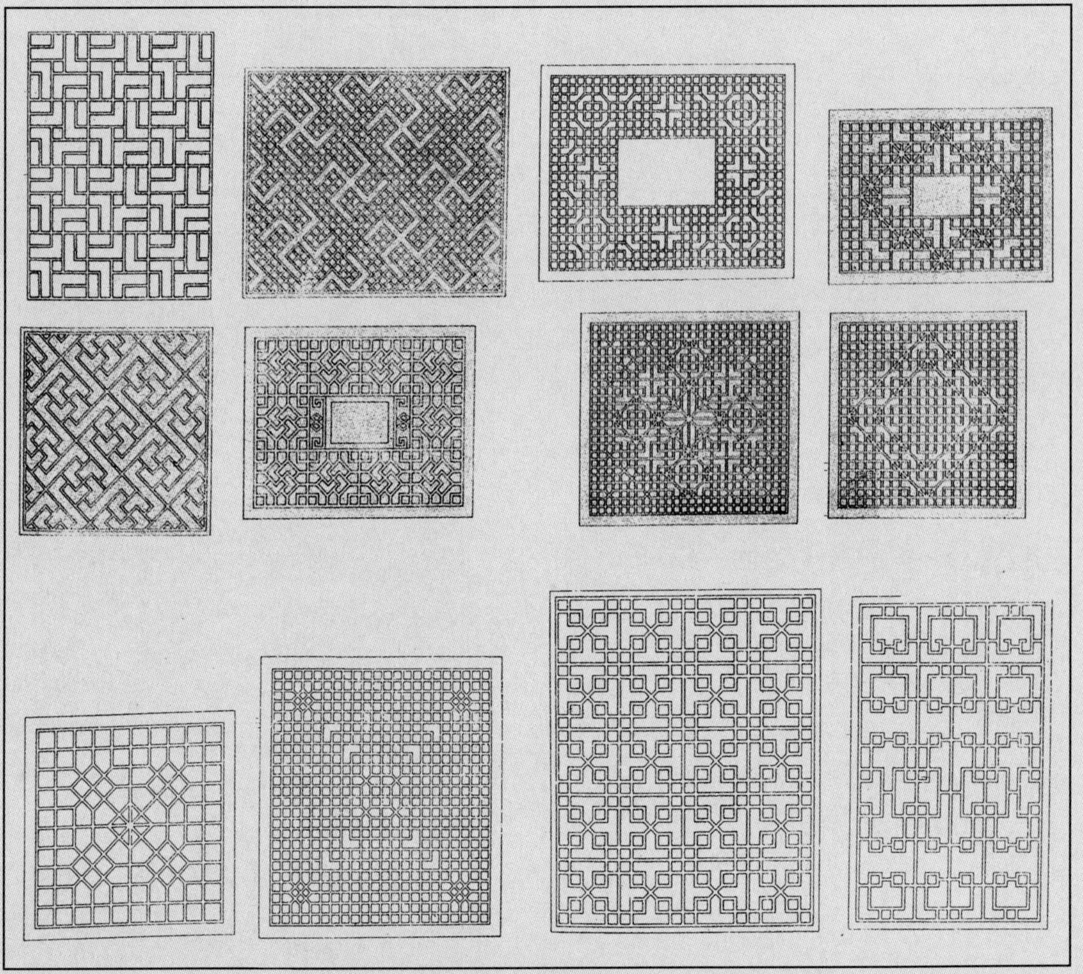

门窗纹样（六）

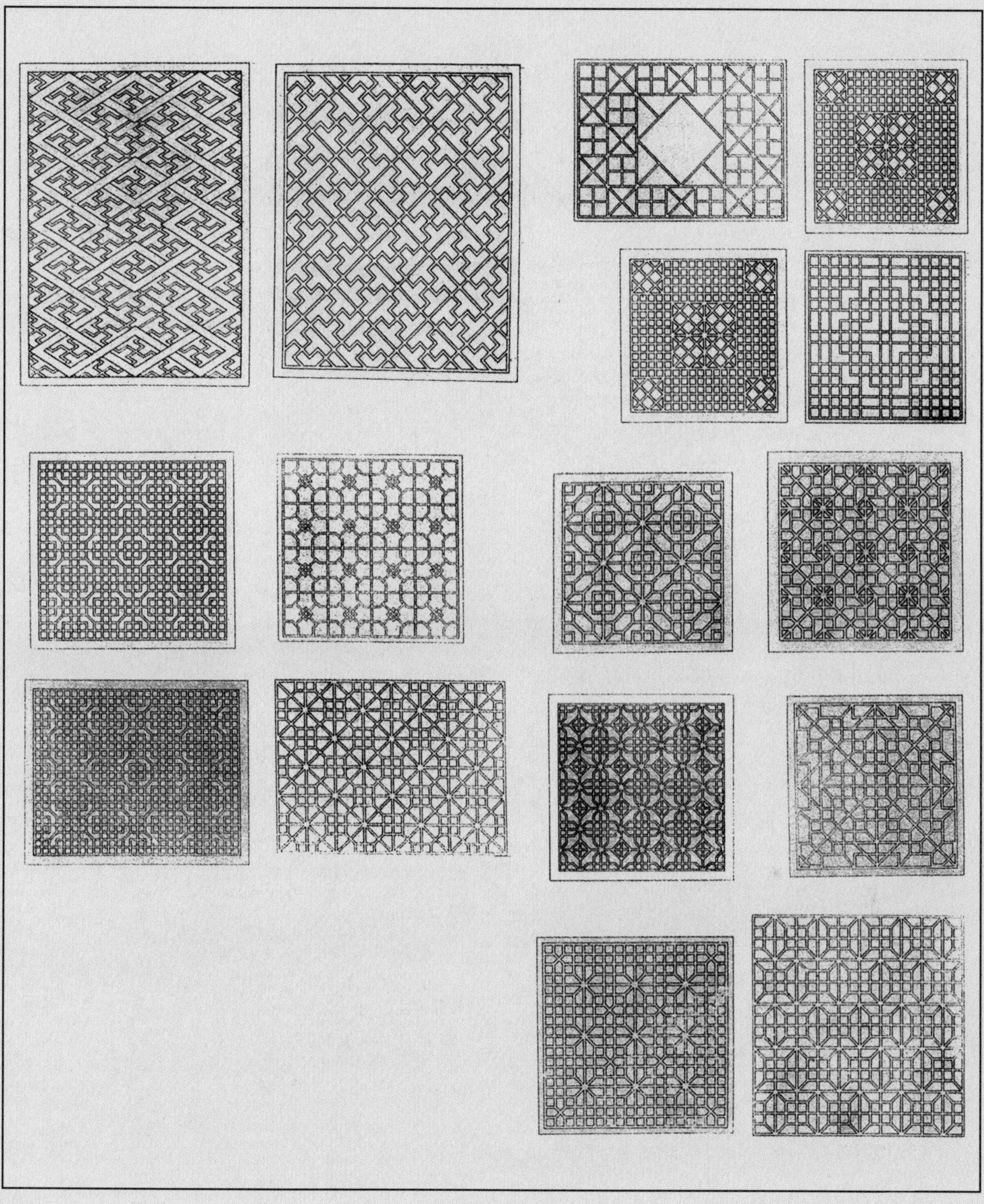

门窗纹样（七）

门窗纹样（八）

门窗纹样（九）

二十二、天花藻井

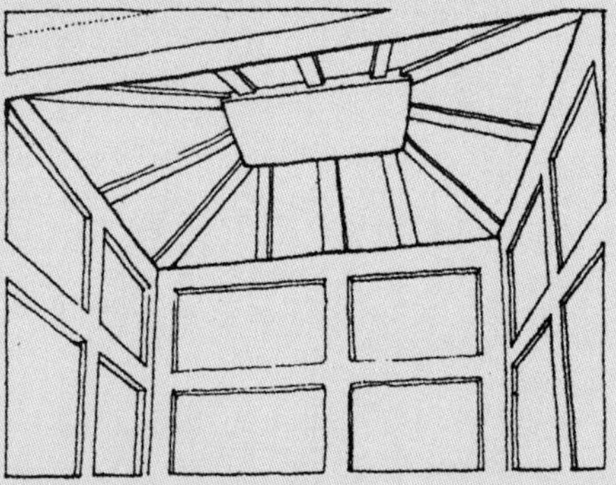

1

2

1. 覆斗形天花　四川乐山崖墓
2. 斗四天花　沂南石墓

汉代天花藻井
（整理者编）

长方形平棋（綦）（部分复原）
甘肃天水麦积山 5 窟

方形平棋（綦）
甘肃敦煌莫高窟 428 窟

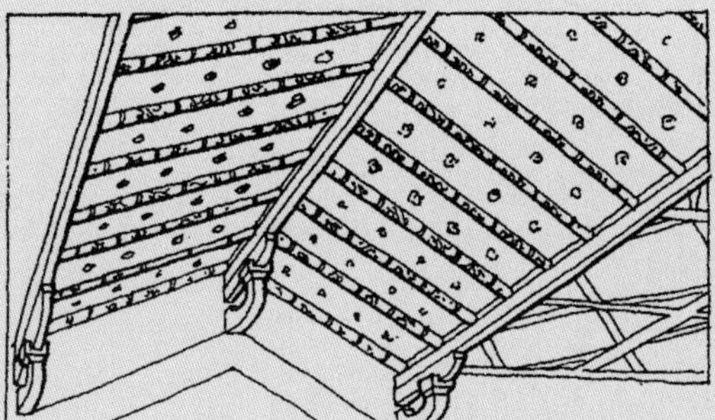

人字披
甘肃敦煌莫高窟 254 窟

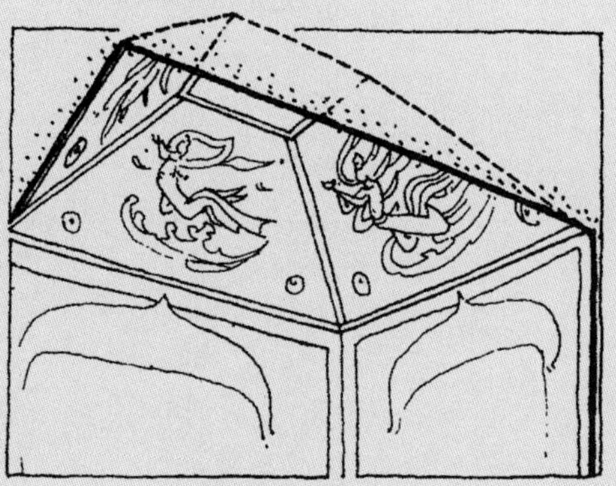

覆斗形天花
山西太原天龙山石窟

南北朝天花藻井
（整理者编）

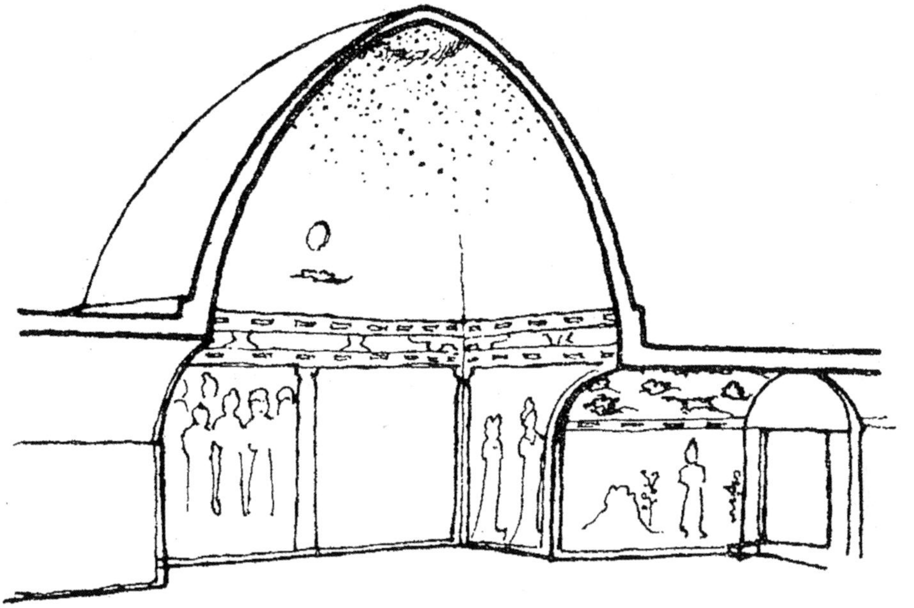

陕西乾县唐永泰公主墓室顶装饰

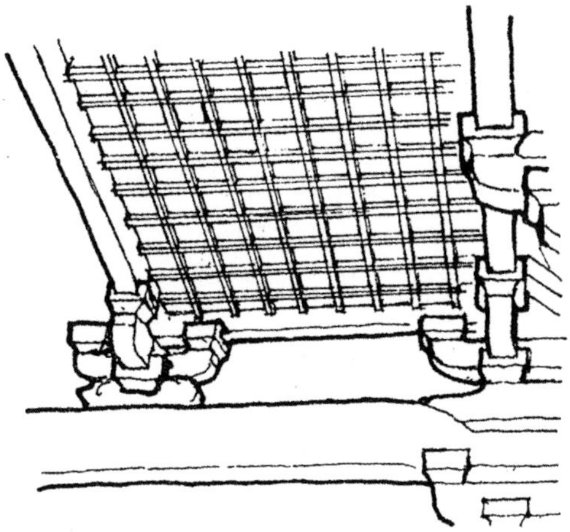

山西五台山佛光寺大殿平暗（闇）

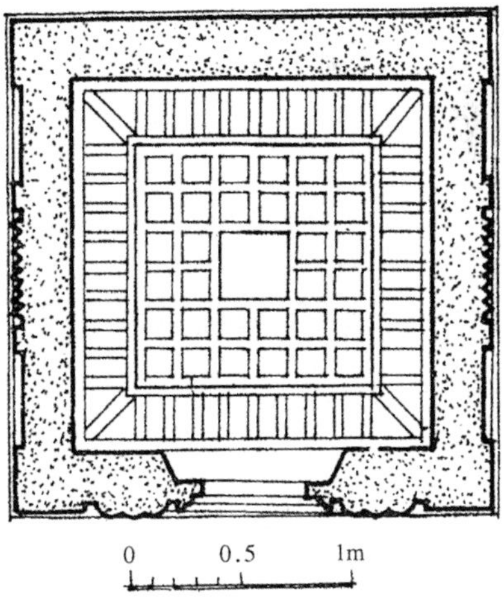

山西平顺海会院明惠大师塔平暗（闇）

唐代天花藻井
（整理者编）

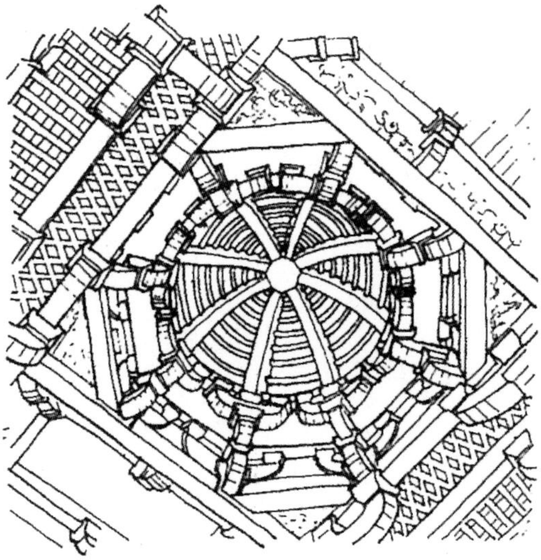

圆形井
宁波保国寺大殿（宋）

八角井、平暗（闇）
天津独乐寺观音阁（辽）

八角井、平棋（綦）
大同华严寺薄伽教藏殿（辽）

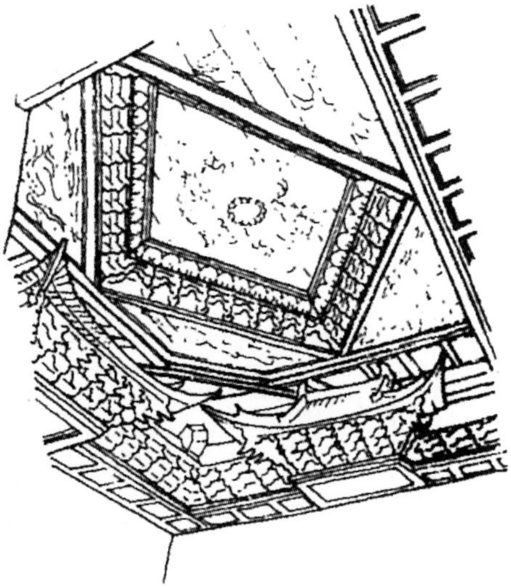

菱形覆斗井
应县净土寺大殿东间（金）

宋、辽、金天花藻井
（整理者编）

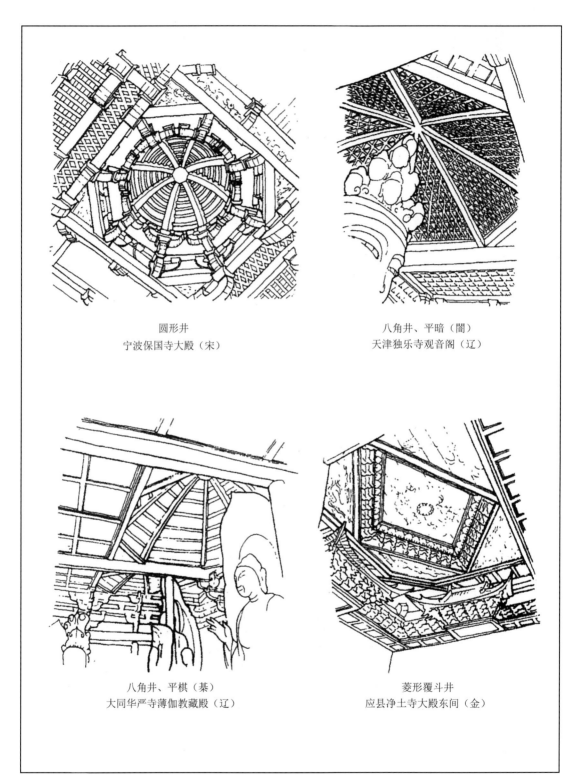

四川乐山白崖崖墓藻井（汉）

甘肃敦煌千佛洞藻井（北魏）

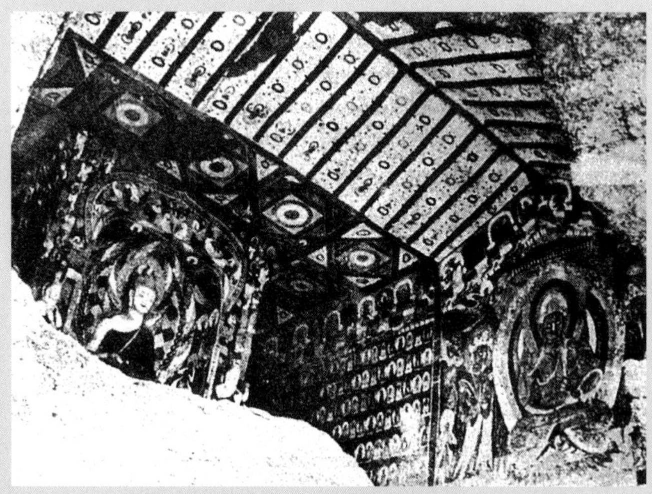

甘肃敦煌千佛洞天花（北魏）

甘肃敦煌千佛洞藻井

甘肃敦煌千佛洞藻井

甘肃敦煌千佛洞藻井

山西大同云冈石窟天花（北魏）

山西大同云冈石窟藻井（北魏）

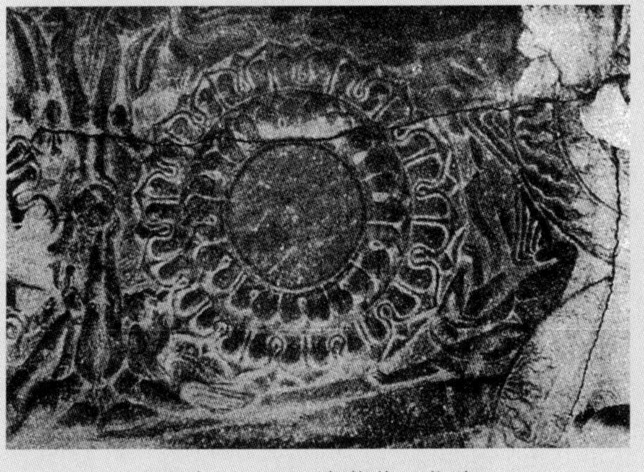
山西大同云冈石窟藻井（北魏）

山西大同云冈石窟龙纹藻井（北魏）

山西大同云冈石窟天花（北魏）

山西太原天龙山奉圣寺后殿藻井（明）

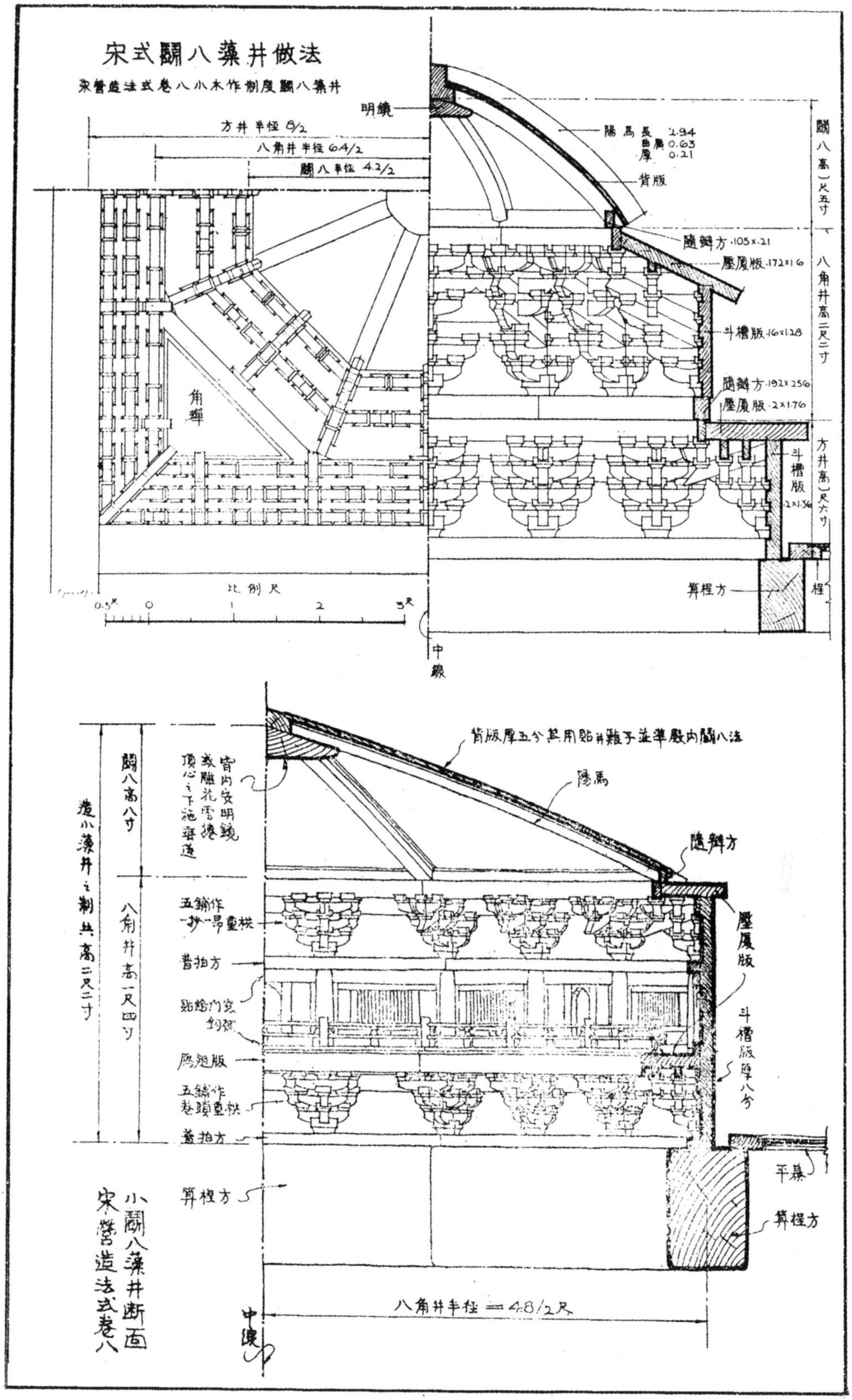
宋式鬬八藻井做法
宋營造法式卷八小木作制度鬬八藻井
明鏡
方井半徑 8/2
八角井半徑 6.4/2
鬬八半徑 4.2/2
陽馬長 2.94
曲廣 0.63
厚 0.21
背版
隨瓣方 .105×.21
壓厦版 .172×1.6
斗槽版 .16×1.28
隨瓣方 .192×.256
壓厦版 .2×1.76
角蟬
鬬八高一尺五寸
八角井高二尺二寸
方井高一尺六寸
斗槽版 .2×1.36
算桯方
桯
比例尺
中線
背版厚五分其用貼絡雞子並準殿內鬬八法
陽馬
皆內安明鏡
或雕花雲捲
頂心之下施垂蓮
鬬八高八寸
八角井高一尺四寸
造小藻井之制共高二尺二寸
隨瓣方
壓厦版
五鋪作一抄一昂重栱
普拍方
貼絡門窗鉤闌
斗槽版厚八分
鴈翅版
五鋪作卷頭重栱
普拍方
算桯方
平棊
小鬬八藻井断面
宋營造法式卷八
八角井半徑 = 4.8/2尺
中線

宋式藻井

山西应县净土寺大殿藻井（金）

山西大同善化寺大殿藻井（明）

北京隆福寺正觉殿藻井（明）

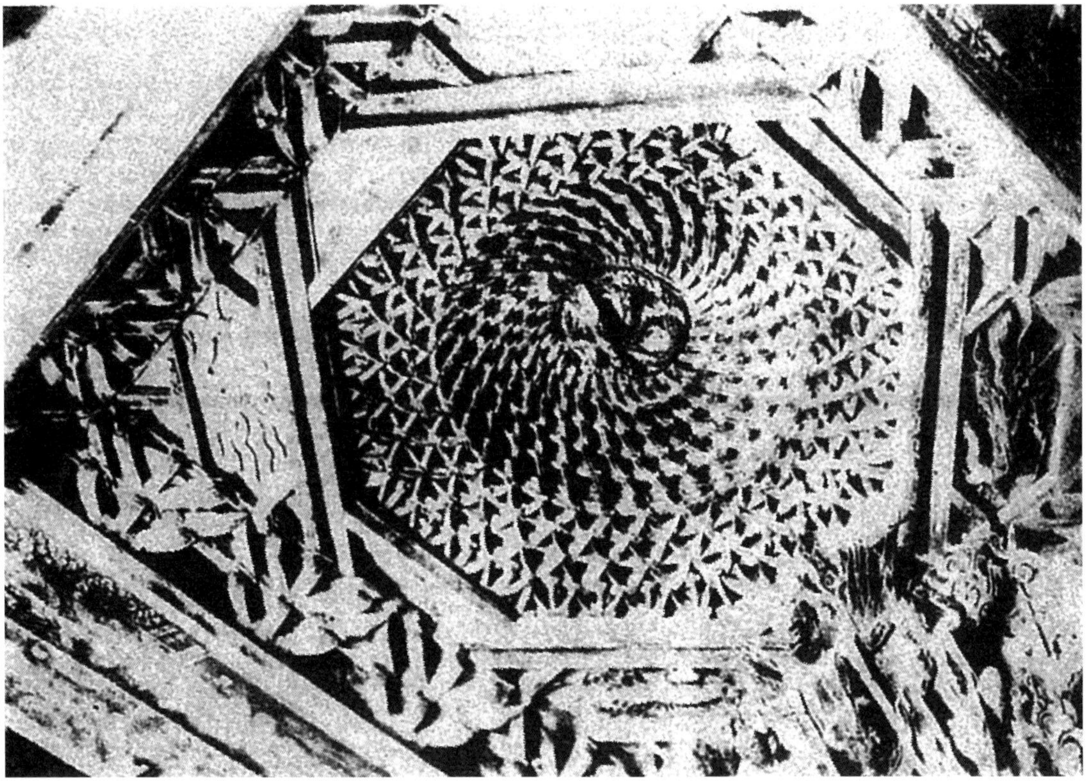

河北景县开福寺大殿藻井（明）

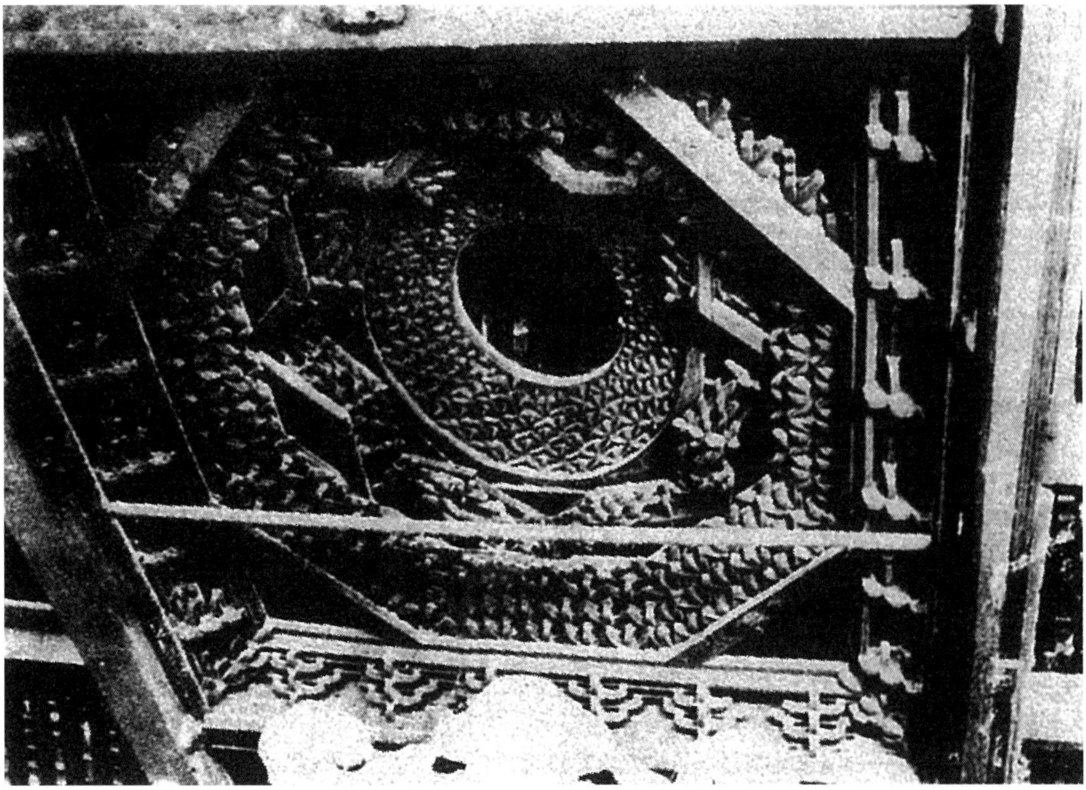

云南昆明真庆观大殿藻井（明）

北京智化寺万佛阁藻井（明）

北京天坛祈年殿藻井（清）

北京故宫太和殿藻井实测图（清）

北京故宫太和殿藻井（清）

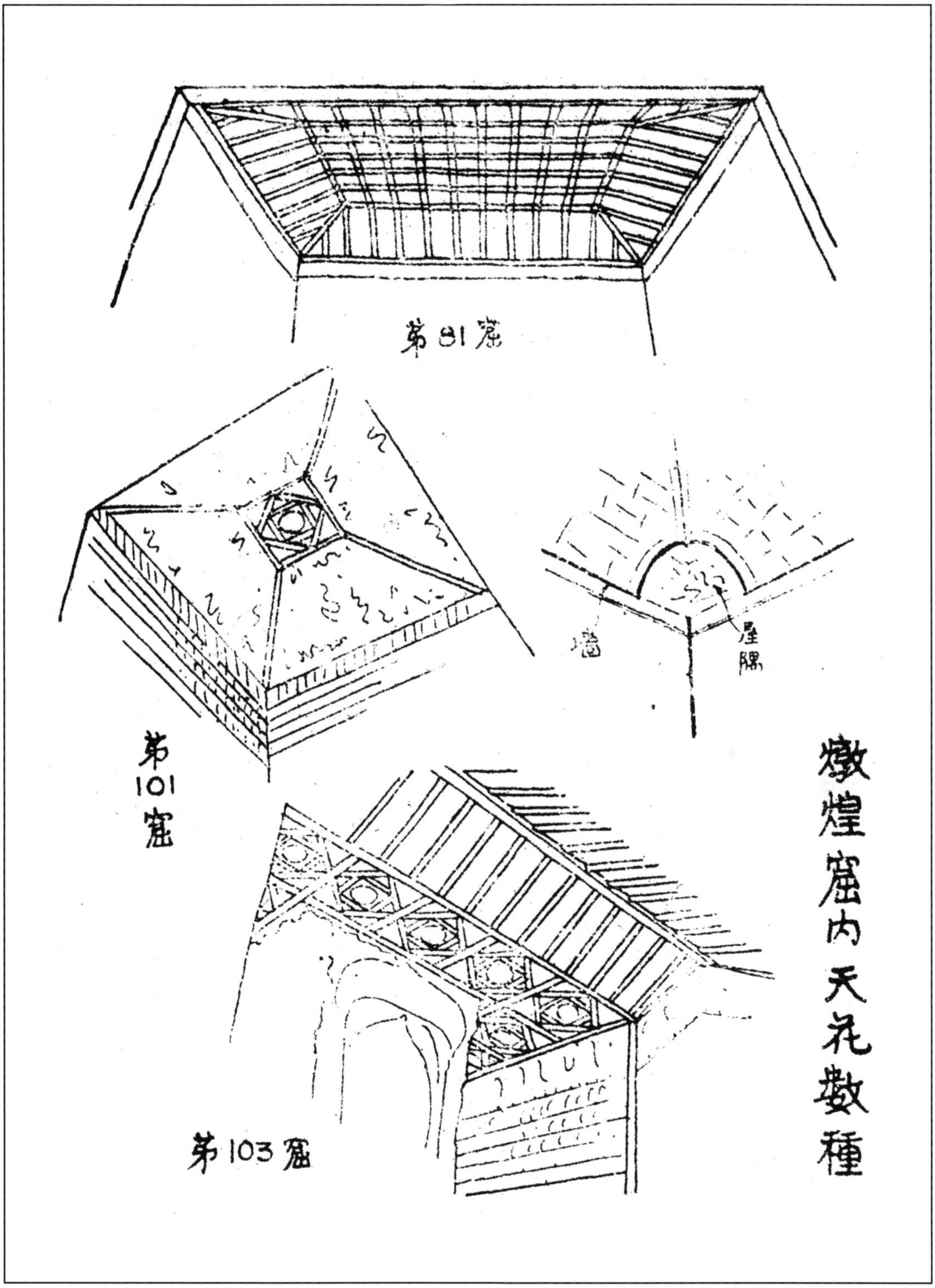
第81窟
第101窟
墙
壁隅
敦煌窟内天花数種
第103窟

敦煌石窟内天花

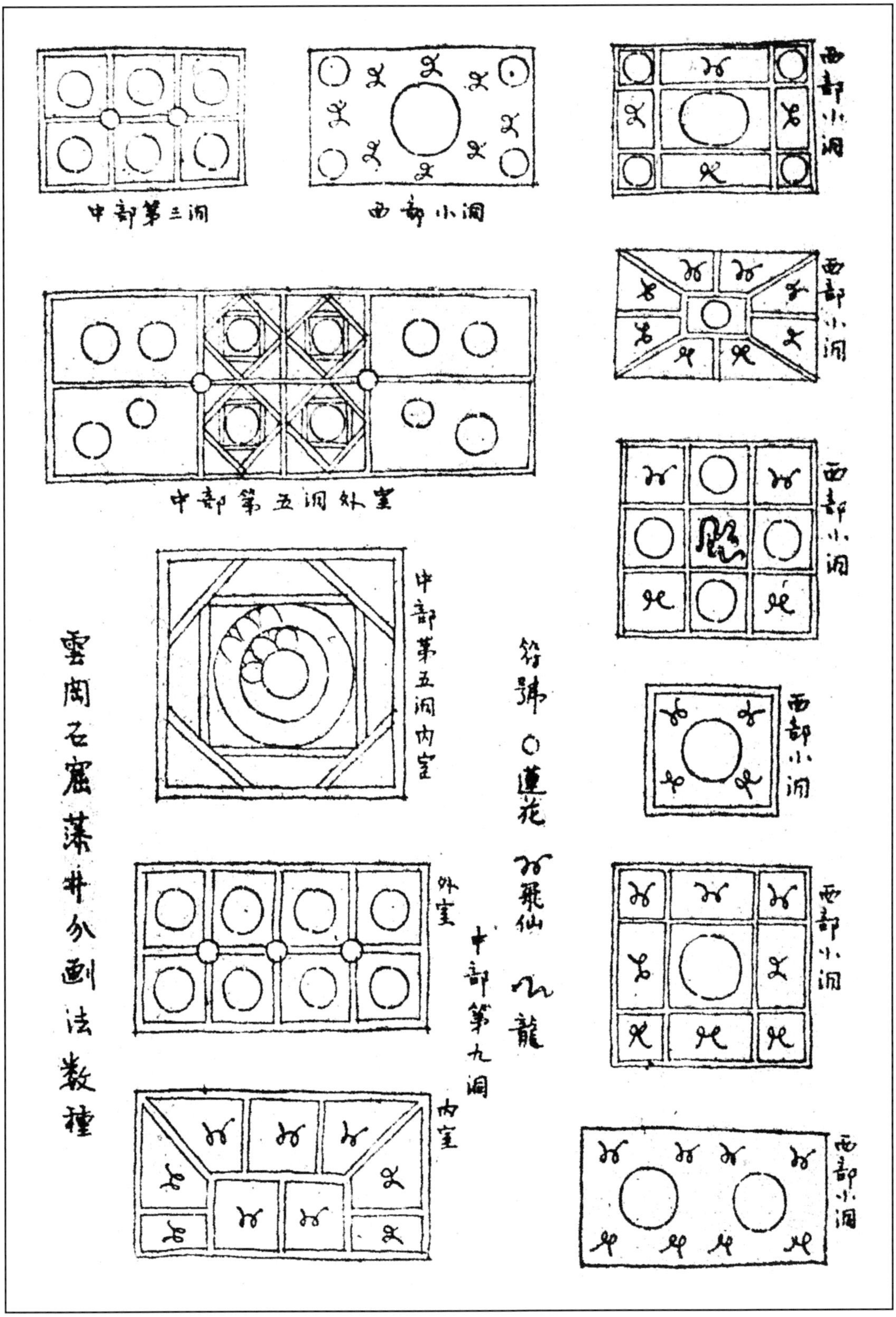
中部第三洞
西部小洞
西部小洞
西部小洞
中部第五洞外室
西部小洞
中部第五洞内室
雲岡石窟藻井分劃法數種
符號
○蓮花
飛仙
龍
西部小洞
外室
中部第九洞
内室
西部小洞
西部小洞

云冈石窟藻井

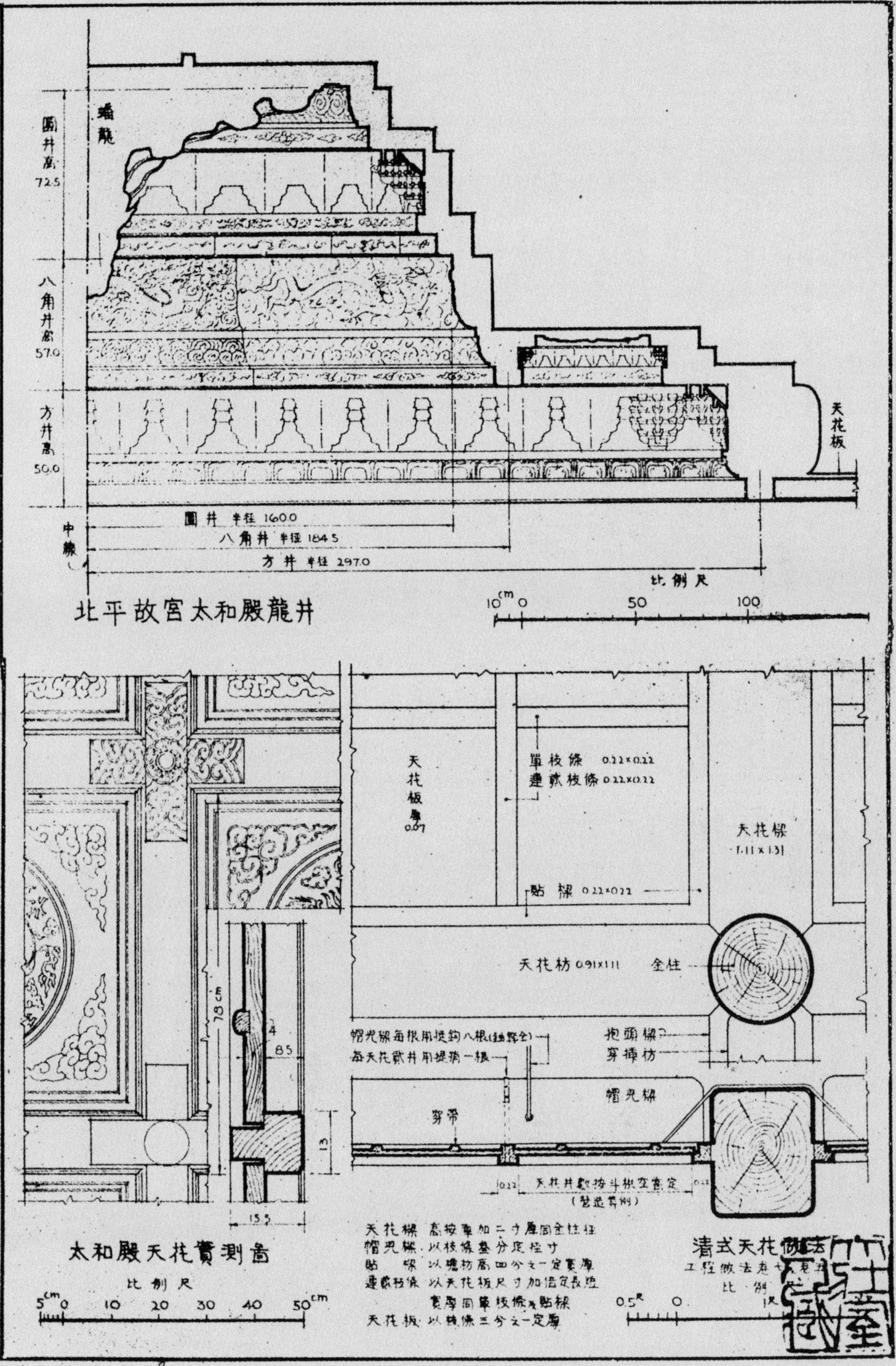
蟠龍
圓井高
72.5
八角井高
57.0
方井高
50.0
天花板
中線
圓井 半徑 160.0
八角井 半徑 184.5
方井 半徑 297.0
比例尺
北平故宮太和殿龍井
單枝條 0.22×0.22
連貳枝條 0.22×0.22
天花板厚
0.07
天花梁
1.11×1.31
貼梁 0.22×0.22
天花枋 0.91×1.11
金柱
帽兒梁每根用提鈎八根(鐵鑄全)
每天花貳井用提銷一根
抱頭梁
穿插枋
帽兒梁
穿帶
天花井數按斗栱空當定
(營造算例)
7.8cm
8.5
13
15.5
太和殿天花實測圖
比例尺
天花梁 高按單加二寸厚同金柱徑
帽兒梁 以枝條叠分定徑寸
貼梁 以墊枋高四分之一定寬厚
連貳枝條 以天花板尺寸加倍定長短
寬厚同單枝條及貼梁
天花板 以枝條三分之一定厚
清式天花做法
比例

清式天花藻井

二十三、彩画

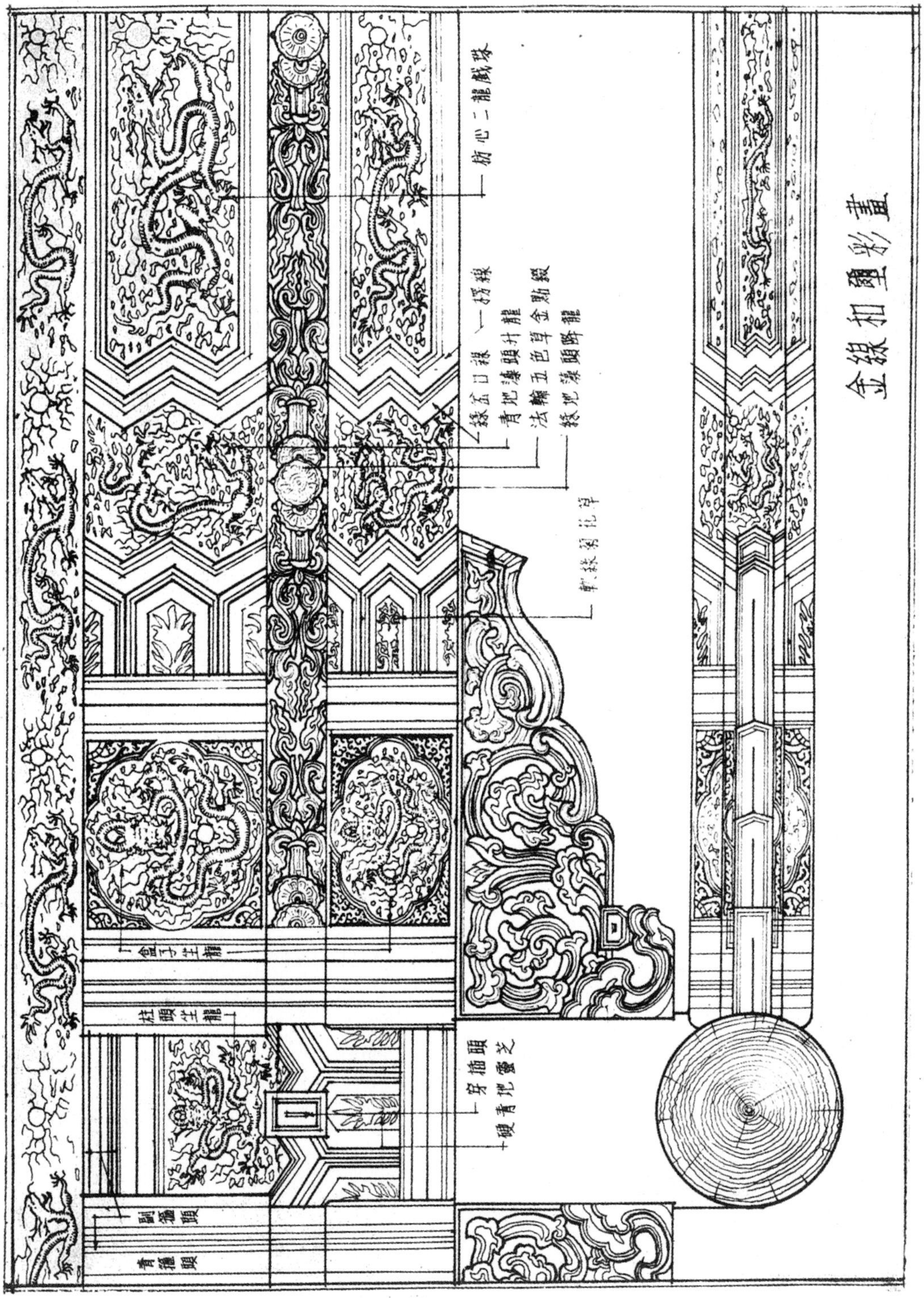

清式金线和玺彩画

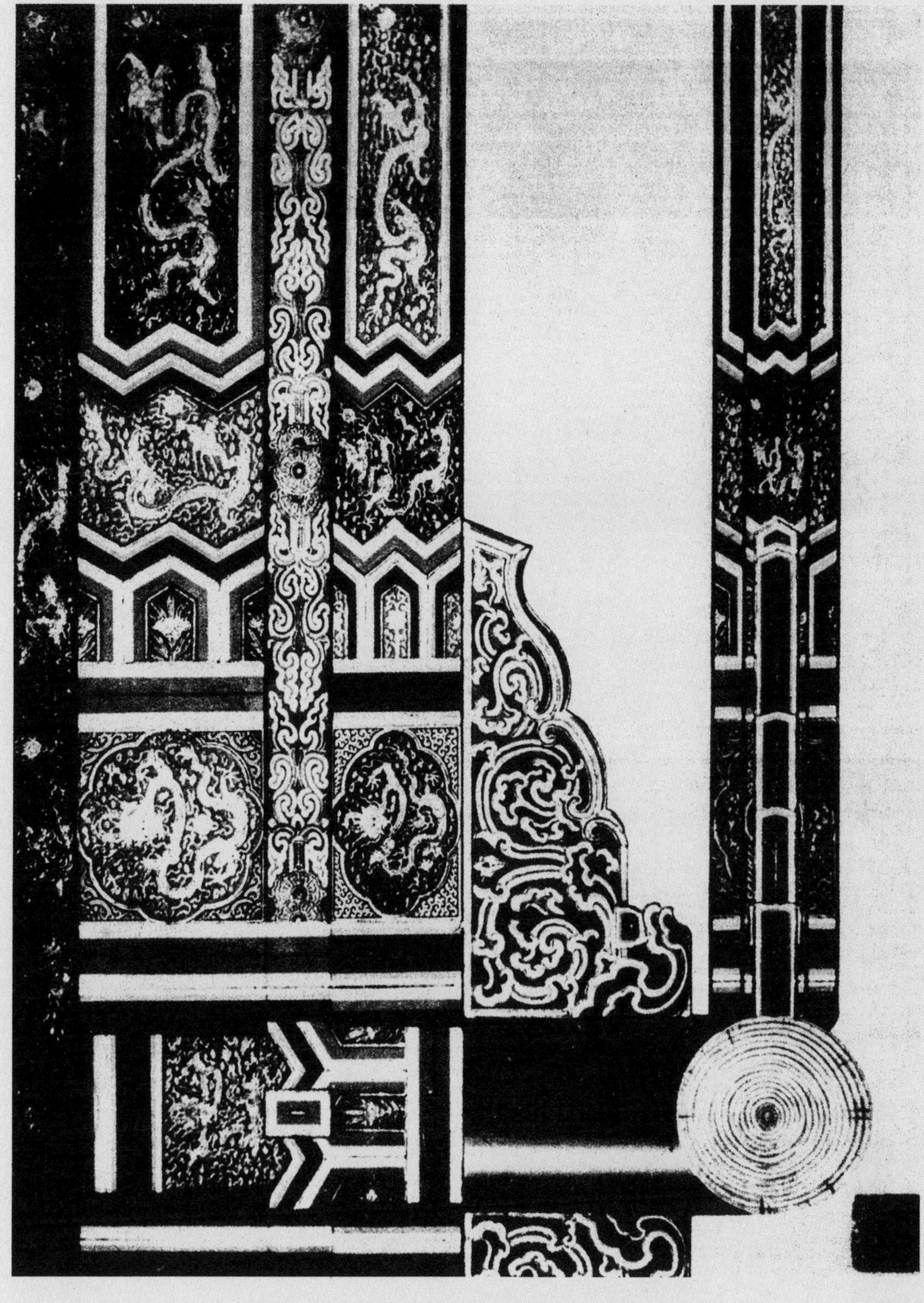

清式金线和玺彩画

清式沥粉金琢磨石碾玉彩画

清式沥粉金琢墨石碾玉彩画

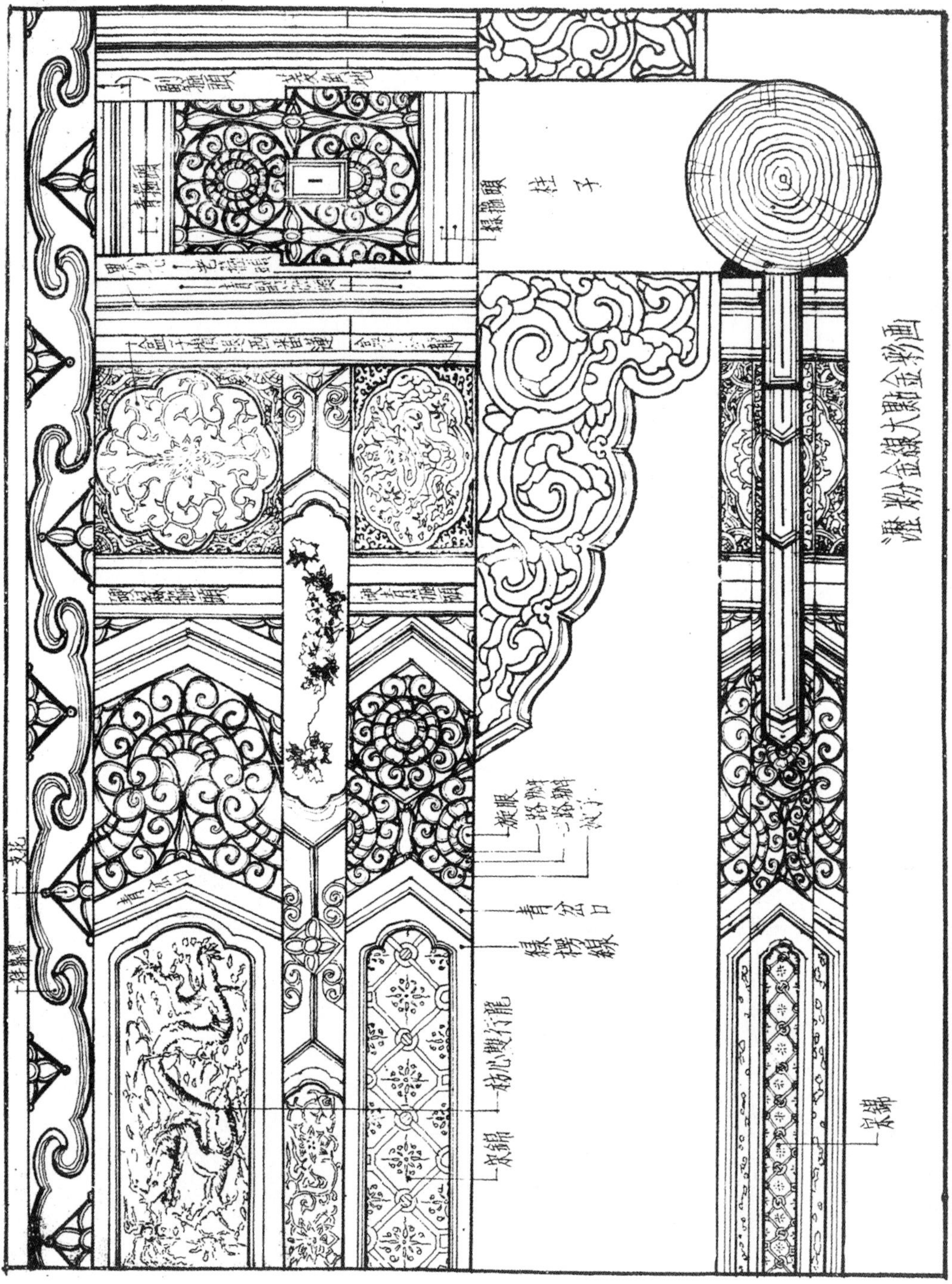

清式沥粉金线大点金彩画

清式沥粉金线大点金彩画

清式墨线大点金彩画

清式墨线大点金彩画

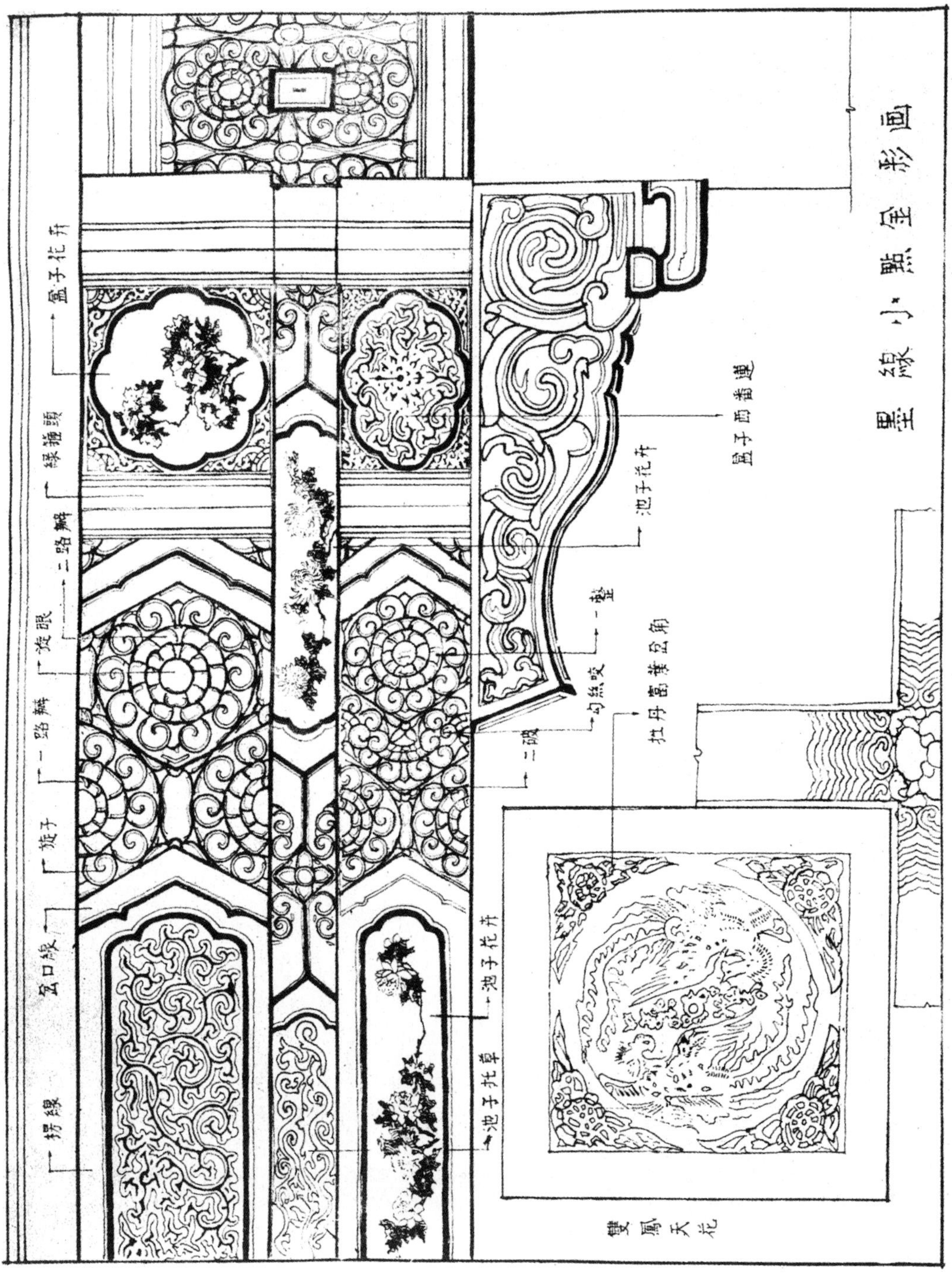

清式墨线小点金彩画

清式墨线小点金彩画

清式雅乌墨彩画

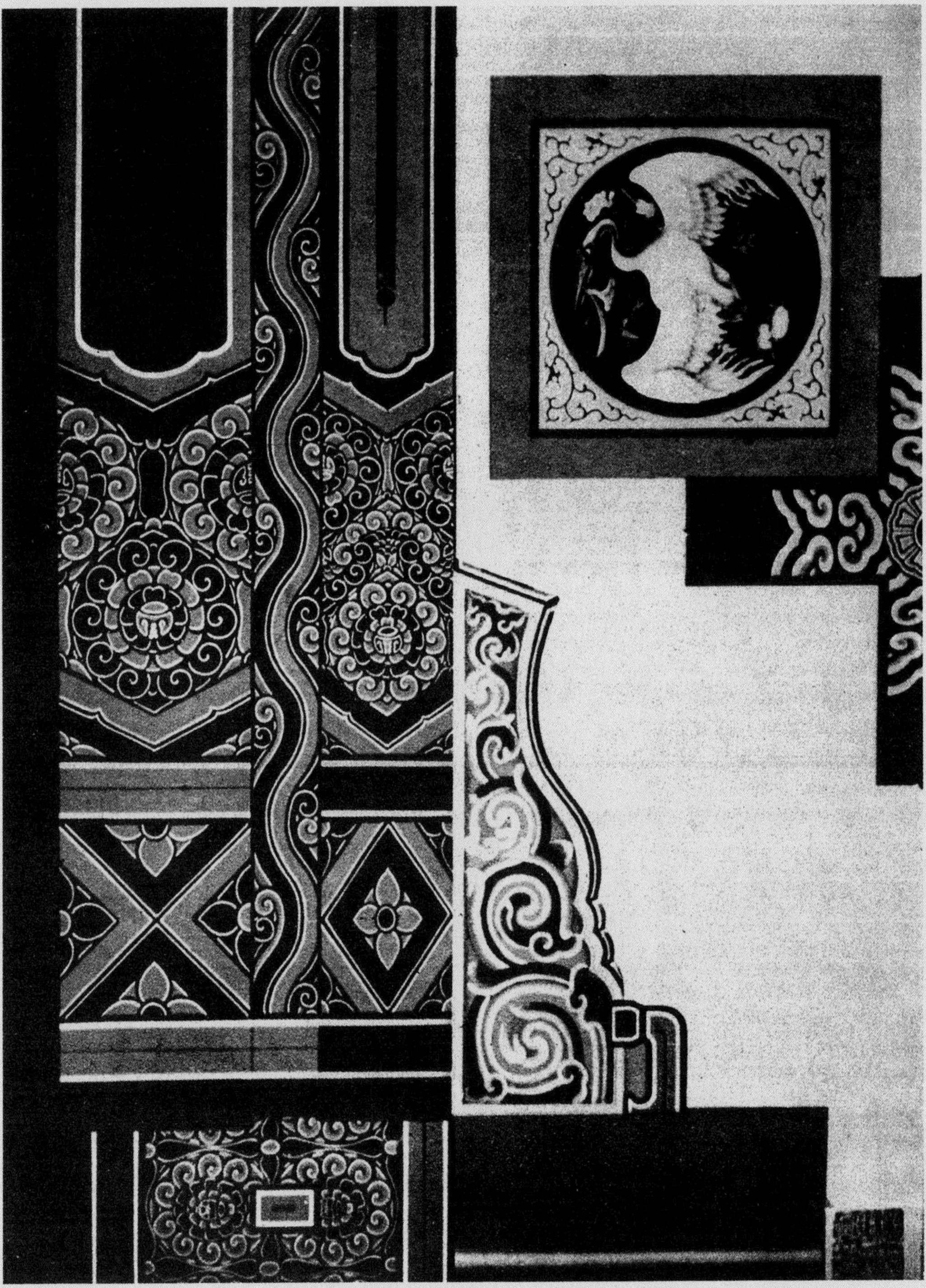

清式雅鸟墨彩画

二十四、琉璃瓦

天津独乐寺山门鸱尾正面（辽）

天津独乐寺山门鸱尾侧面（辽）

山西大同严华寺薄伽教藏殿鸱尾（辽）

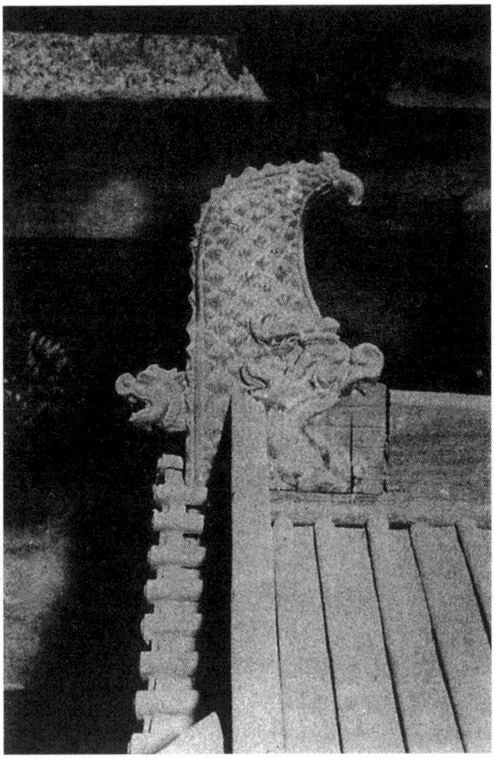

山西大同严华寺薄伽教藏殿经橱鸱尾（辽）

山西五台山佛光寺大殿鸱尾（宋）

天津宝坻广济寺三大士殿兽吻（明）

北京故宫太和殿兽吻（清）

北京故宫中右门西朝房
兽吻侧面（清）

北京安定门脊兽（清）

北京故宫太和殿垂兽及走兽（清）

北京故宫太和门垂兽正面（清）

北京故宫保和殿垂兽侧面（清）

北京故宫太和殿仙人走兽及套兽（清）

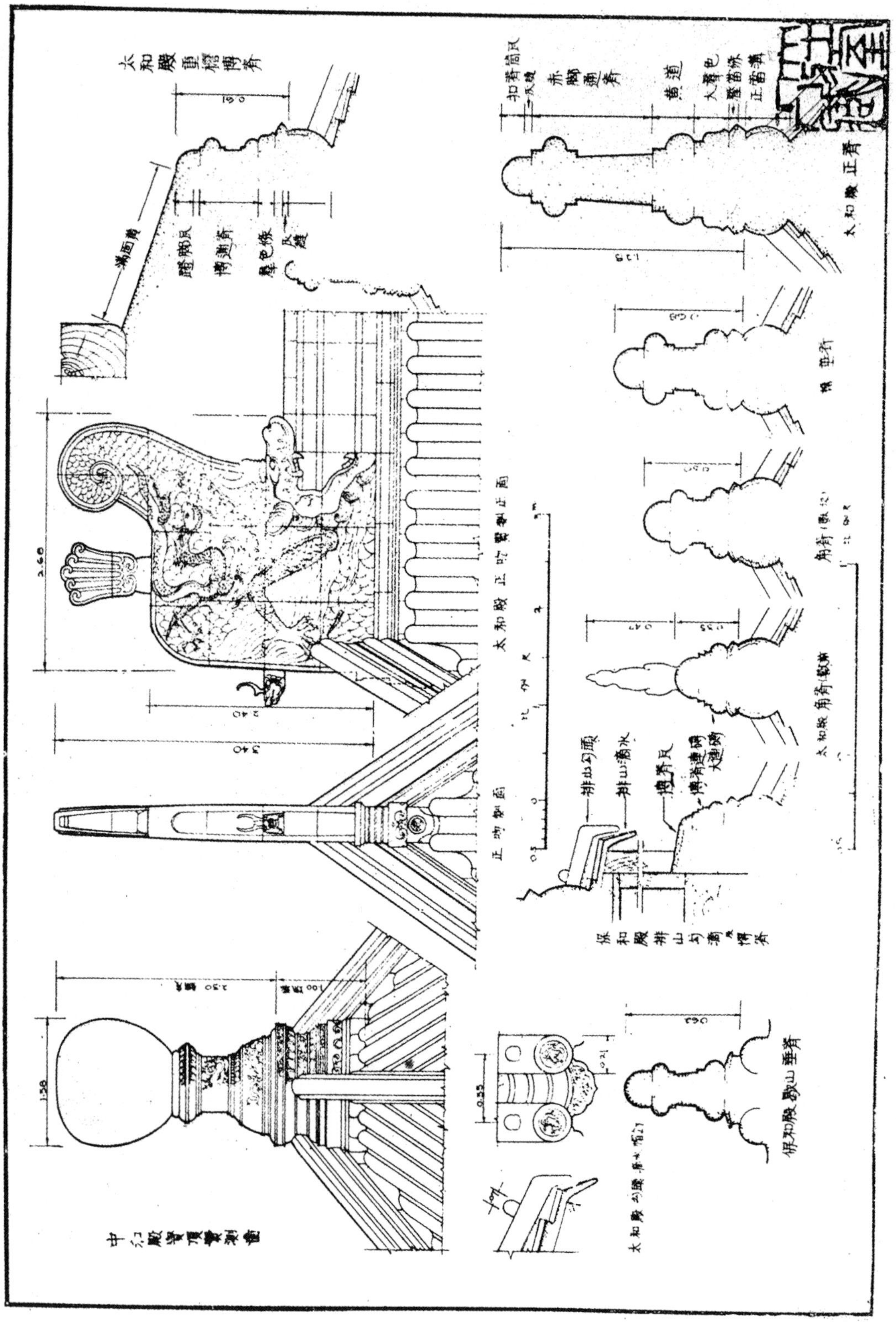

北京故宫太和殿、中和殿、保和殿琉璃瓦作

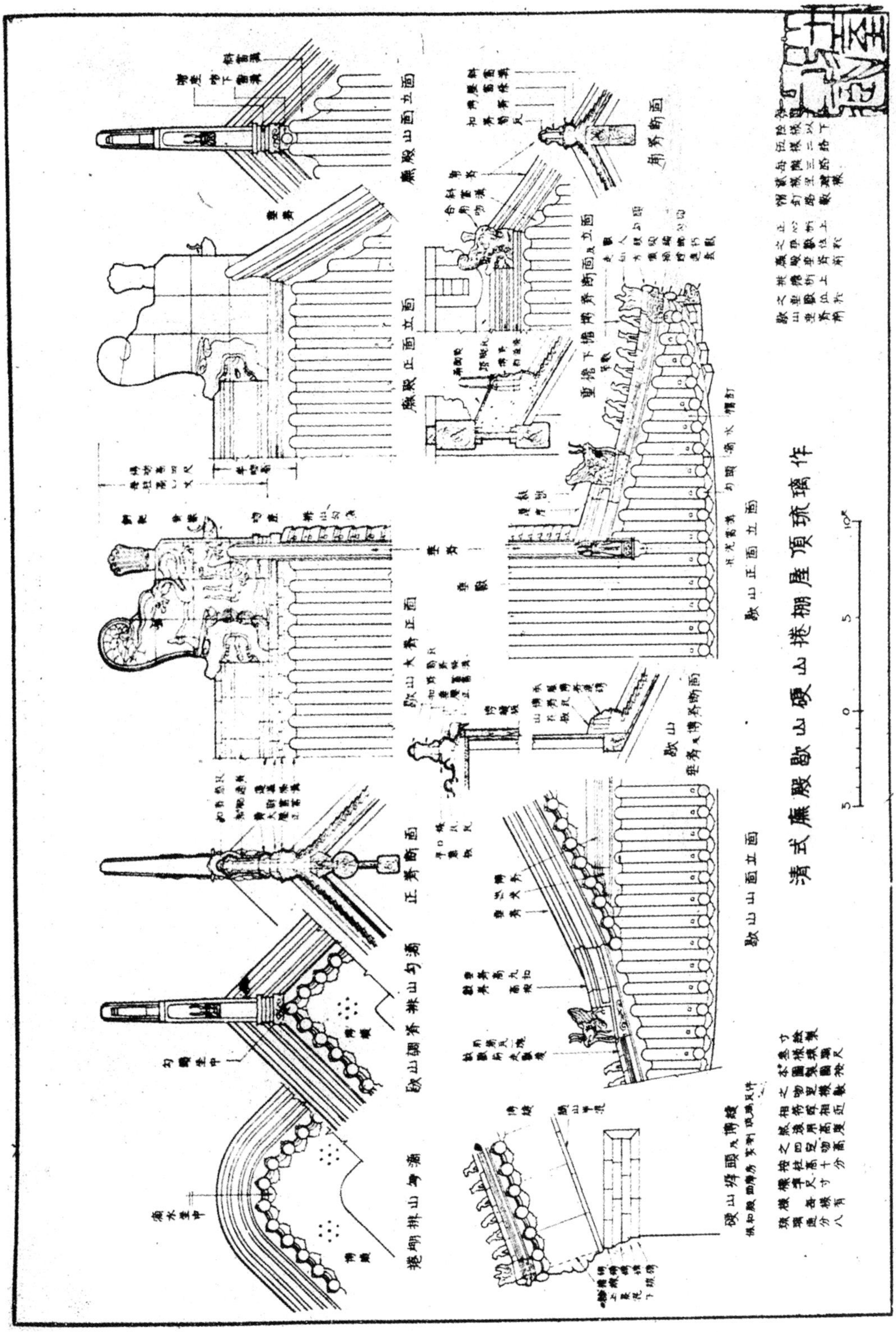

清式屋顶琉璃瓦作

二十五、碑

山东曲阜孔庙鲁孔子庙碑（汉）

山东曲阜孔庙孔谦碑（汉）

山东曲阜孔庙孔彪碑（汉）

西康雅安高颐庙碑（汉）

山东曲阜孔庙孔子庙碑（东魏）

张朗碑（晋）

山东曲阜孔庙庙门碑（唐）

河南登封嵩阳观碑（唐）

北京大觉寺碑（金）

北京护国寺至元十一年碑（元）

南京孝陵碑（明）

山东曲阜孔庙奎文阁碑（明）

二十六、附属艺术

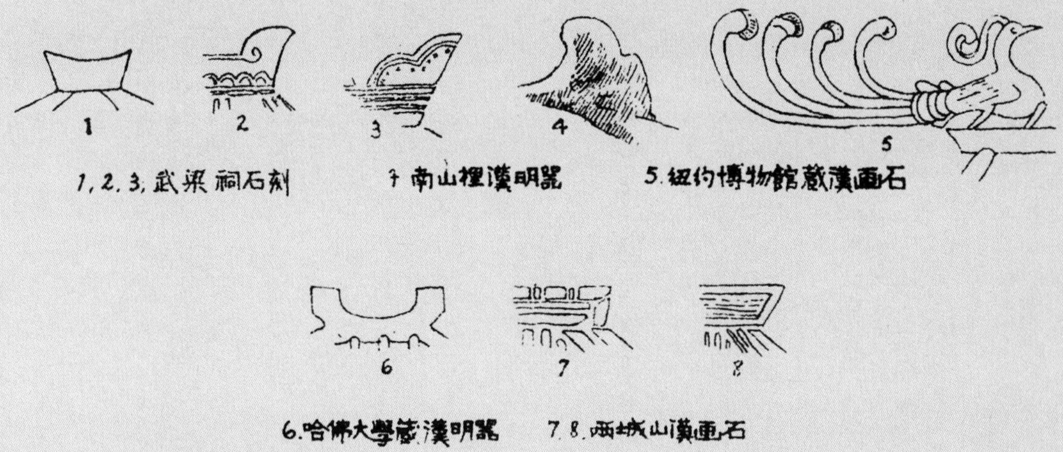
1
2
3
4
5
1, 2, 3, 武梁祠石刻
4 南山裡漢明器
5. 紐約博物館藏漢畫石
6
7
8
6. 哈佛大學藏漢明器
7. 8. 兩城山漢畫石

脊饰（秦）

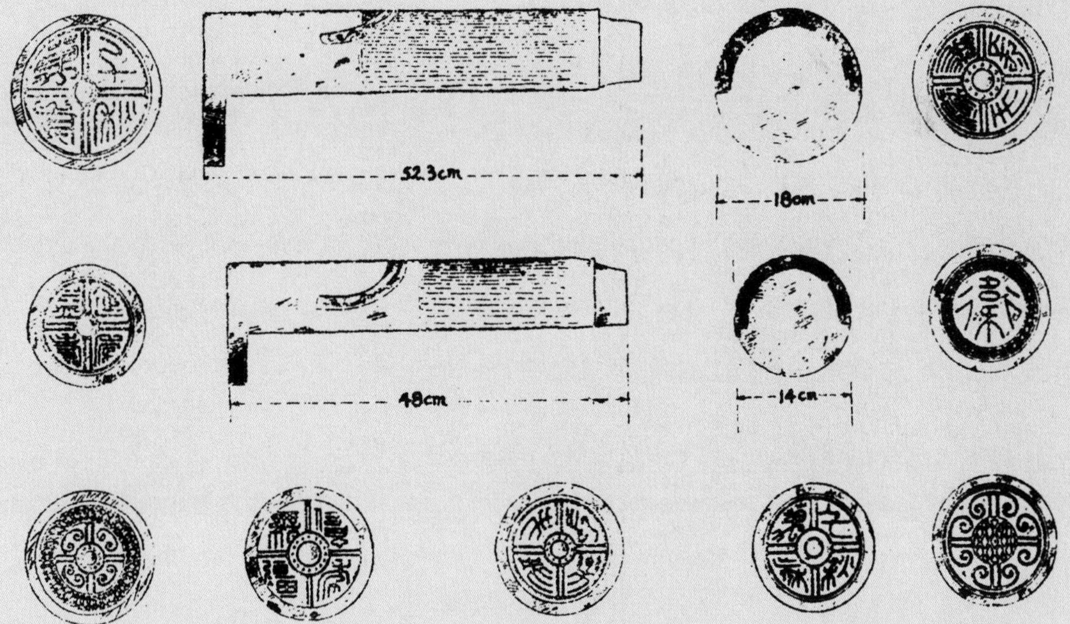
52.3cm
18cm
48cm
14cm

瓦当（秦汉）

桓帝永兴元年孔庙置守庙石卒史碑花纹（汉）

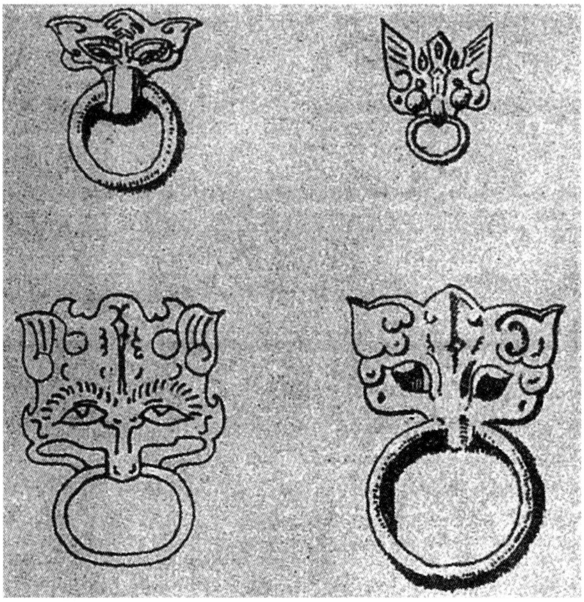

铺首式样之一（汉）

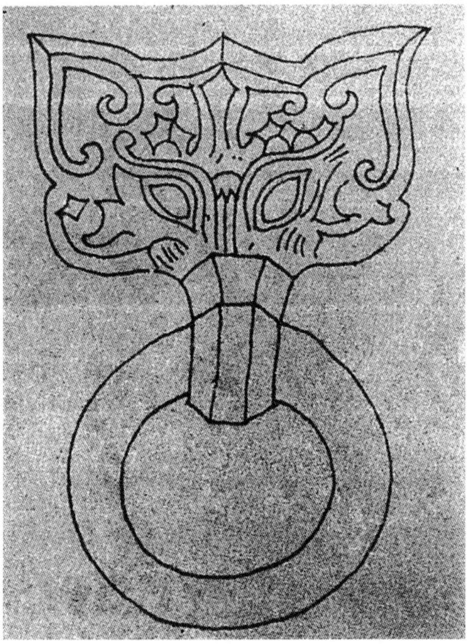

铺首式样之二（汉）

铺首式样之三（汉）

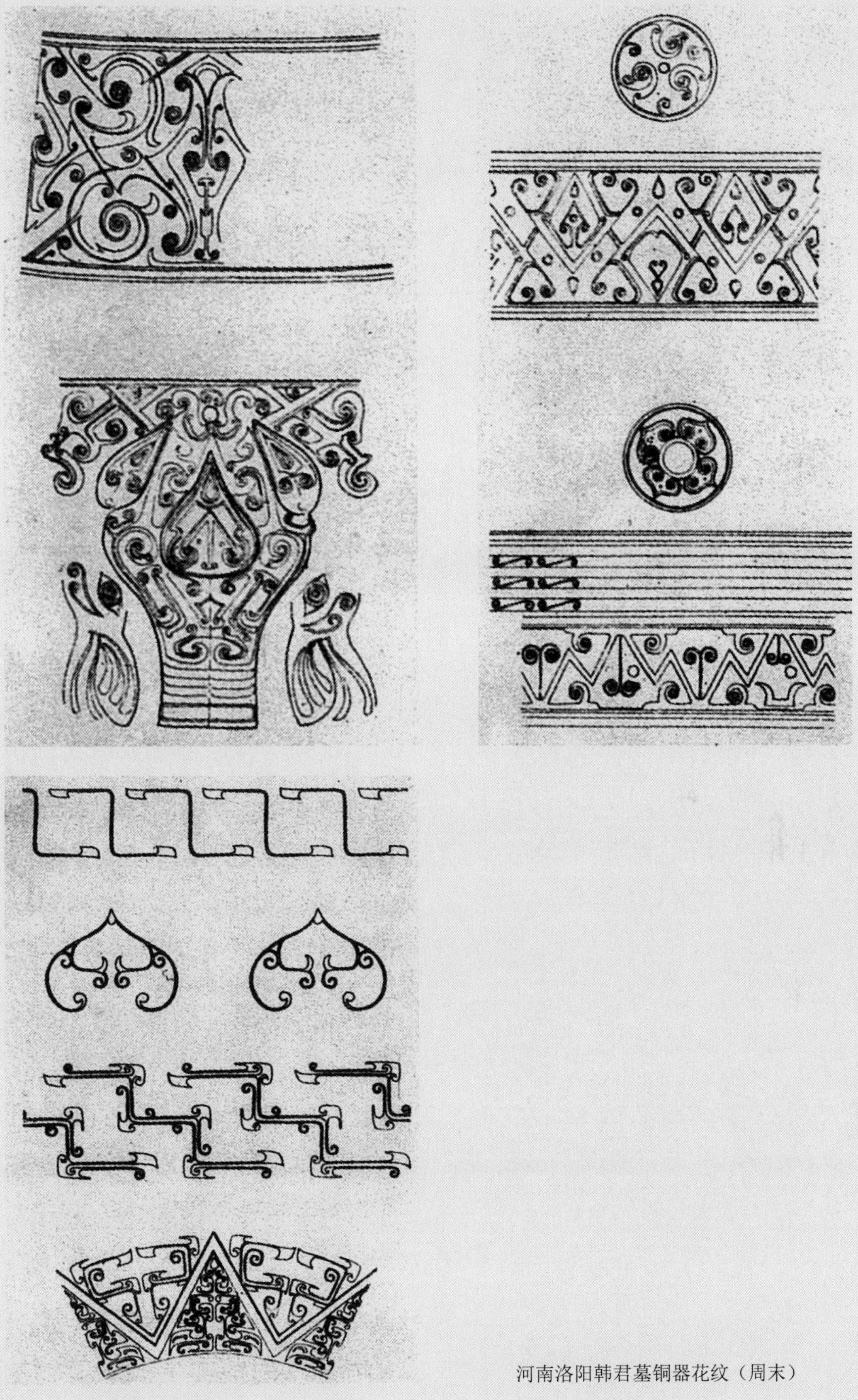

河南洛阳韩君墓铜器花纹（周末）

河南洛阳墓内壁画（东汉）

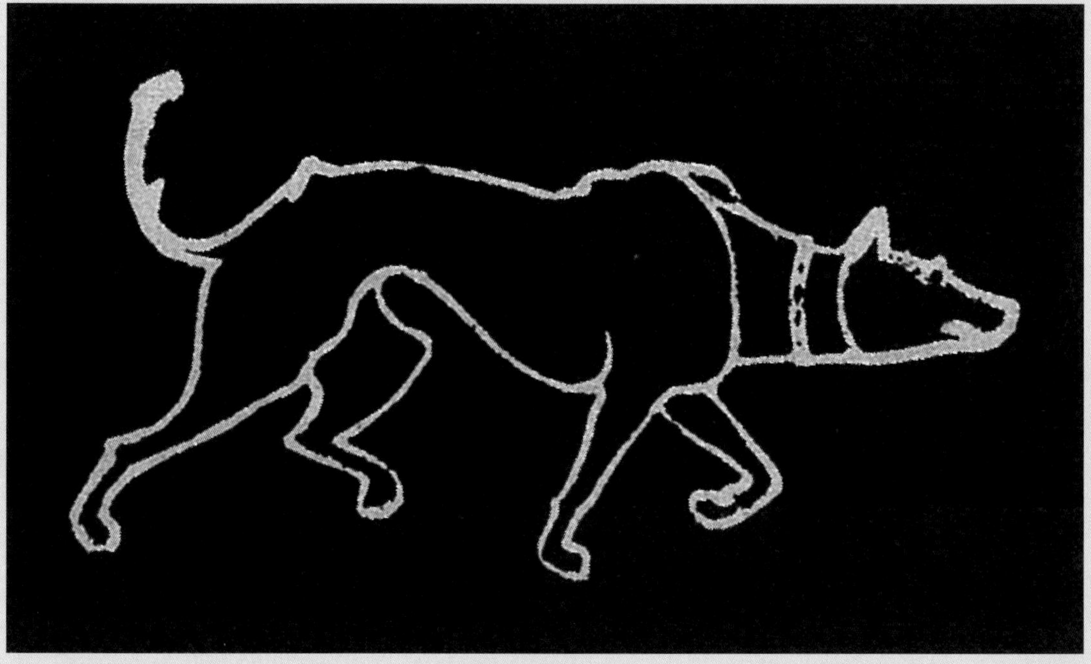

河南洛阳墓砖雕刻（东汉）

河南洛阳墓砖雕刻（东汉）

河南洛阳龙门石窟浮雕（北魏）

河南洛阳龙门奉先寺石像（唐）

陕西昭陵六骏之一（唐）

甘肃敦煌千佛洞壁画（唐）

甘肃敦煌千佛洞壁画（五代）

河北正定隆兴寺佛香阁壁塑（宋）

河南登封中岳庙铁人（宋）

河北曲阳北岳庙德宁殿壁画（元）

河北正定文庙铁狮（元）

河南济源济渎庙铁狮（元）

河北易县泰陵石狮（清）